Wissenschaftliche Taschenbücher

Mathematik · Physik

Herbert Goering
Hans-Görg Roos
Lutz Tobiska

Finite-Element-Methode

Akademie-Verlag · Berlin

Wissenschaftliche Taschenbücher
MATHEMATIK / PHYSIK
TEXTE UND STUDIEN

Eine Auswahl lieferbarer Bände:

Ernst-Joachim Donth
Glasübergang

Christian Edelmann
Druckmessung und Druckerzeugung

Claus Hamann / Joachim Heim
Hubert Burghardt
Organische Leiter, Halbleiter und Photoleiter

Eberhard Jäger / Rolf Perthel
Magnetische Eigenschaften von Festkörpern

Karl Lanius
Physik der Elementarteilchen

Artur Lösche
Molekülphysik

Joseph Mecke / Dietrich Stoyan
Stochastische Geometrie

Dieter Michel
Grundlagen und Methoden der kernmagnetischen Resonanz

Gernot Neugebauer
Relativistische Thermodynamik

Hans Neumann / Klaus Schäfer
Elektrische und elektronische Meßtechnik

Peter Paufler
Phasendiagramme

Harry Paul
Photonen
Experimente und ihre Deutung

Ulrich Röseberg
Quantenmechanik und Philosophie

Robert Rompe / Hans-Jürgen Treder
Über die Einheit der exakten Wissenschaften

Ernst Schmutzer
Symmetrien und Erhaltungssätze der Physik

Hans-Georg Schöpf
Von Kirchhoff bis Planck

Hubertus Stolz
Supraleitung

Werner Stolz
Messung ionisierender Strahlung

Werner Stolz / Reinhold Bernhardt
Dosimetrie ionisierender Strahlung

George L. Trigg
Experimente der modernen Physik
Schritte zur Quantenphysik

Gerhard Wunsch
Geschichte der Systemtheorie
Dynamische Systeme und Prozesse

WTB

BAND 285

Herbert Goering
Hans-Görg Roos
Lutz Tobiska

Finite-Element-Methode

Eine Einführung

Mit 51 Abbildungen und 13 Tabellen

THEORIA CUM PRAXI

AKADEMIE-VERLAG · BERLIN

Reihe MATHEMATIK UND PHYSIK

Herausgeber:
Prof. Dr. phil. habil. W. Holzmüller, Leipzig
Prof. Dr. phil. habil. A. Lösche, Leipzig
Prof. Dr. phil. habil. H. Reichardt, Berlin
Prof. Dr. rer. nat. habil. H.-J. Treder, Caputh

Verfasser:
Prof. Dr. Herbert Goering
Dr. Hans-Görg Roos
Dr. Lutz Tobiska
Technische Hochschule Otto von Guericke
Sektion Mathematik und Physik

ISSN 0084-098X

1985
Erschienen im Akademie-Verlag Berlin,
DDR-1086 Berlin, Leipziger Straße 3–4

Lizenznummer: 202 · 100/405/85
Printed in the German Democratic Republic
Gesamtherstellung: VEB Druckhaus „Maxim Gorki“, 7400 Altenburg
Lektor: Dr. Reinhard Höppner
LSV 1084
Bestellnummer: 763 394 8 (7285)
01250

Vorwort

Das vorliegende WTB stellt eine Einführung in die Methode der finiten Elemente dar. Dabei wird versucht, die für die praktische Realisierung des Verfahrens notwendigen Kenntnisse und die theoretischen Grundlagen des Verfahrens gleichermaßen zu berücksichtigen; es zeigt sich sogar, daß für eine effektive Realisierung des Verfahrens gewisse Kenntnisse über dessen theoretische Eigenschaften unumgänglich sind.

Das Buch wendet sich in erster Linie an Ingenieure, Naturwissenschaftler und Studierende entsprechender Fachrichtungen. Demgemäß wird zum Verständnis der Stoff der üblichen Mathematikausbildung von Ingenieuren vorausgesetzt. Für Fehlerabschätzungen, Konvergenzuntersuchungen u. a. m. werden einige Begriffe der Funktionalanalysis so dargestellt, daß sie für den Anfänger auf diesem Gebiet transparent werden. Die dabei z. T. verlorengegangene mathematische Präzision, z. B. bei der Einführung des Raumes quadratisch integrierbarer Funktionen, mögen Mathematikstudenten und Mathematiker verzeihen.

Nur einige grundlegende Tatsachen werden als Satz formuliert, Beweise von grundlegenden Aussagen zur Methode der finiten Elemente werden ausgeführt, z. T. aber nur exemplarisch. Der mehr an der praktischen Realisierung des Verfahrens interessierte Leser stößt an den entsprechenden Stellen auf Hinweise, welche Abschnitte er überspringen kann und wo er zusammenfassende Schlußfolgerungen aus den theoretischen Untersuchungen findet.

Es wurde eine der Zielstellung dieses WTB entsprechende einfache, aber mathematisch fundierte Darstellung gewählt. Natürlich erhebt die gewählte Darstellung keinen Anspruch auf Vollständigkeit.

Im Mittelpunkt des WTB stehen zweidimensionale, stationäre Aufgaben zweiter Ordnung. Auf diese Aufgaben zugeschnitten wird im Abschnitt 2 erläutert, wie man die diskreten Probleme gewinnt, im Abschnitt 3, wie man die diskreten Probleme löst, im Abschnitt 4, wie man Fehlerabschätzungen herleitet und in den Abschnitten 5, 6, wie man krummlinige Ränder berücksichtigt und Integrale zweckmäßig numerisch berechnet.

In den Abschnitten 7, 8 werden einige spezielle Verfahren für zweidimensionale stationäre Aufgaben zweiter Ordnung behandelt, in diesen Abschnitten findet man aber auch effektive Verfahren für Probleme vierter Ordnung. Abschnitt 9 ist nichtstationären Aufgaben zweiter Ordnung gewidmet.

Für zahlreiche Hinweise und nützliche Diskussionen danken wir unseren Kollegen Dr. A. Felgenhauer, U. Risch und F. Schieweck.

Inhaltsverzeichnis

1. Einführung

1.1. Allgemeines zur Methode der finiten Elemente

Die Methode der finiten Elemente (FEM) ist gegenwärtig eines der praktisch wichtigsten Näherungsverfahren zur Lösung von Variationsproblemen, Differentialgleichungen und Variationsungleichungen in den Ingenieurwissenschaften und der mathematischen Physik. Die Erfolge der FEM insbesondere in der Festkörpermechanik führten zu einer verstärkten Nutzung in der Thermodynamik, in der Strömungsmechanik und in anderen Gebieten. Die Leistungsfähigkeit der Methode liegt darin begründet, daß man auf ihrer Basis universelle, nutzerfreundliche Computerprogramme entwickeln kann. Dies hängt eng damit zusammen, daß die FEM die Vorteile besitzt, systematische Regeln für die Erzeugung stabiler numerischer Schemata bereitzustellen und es relativ einfach ist, kompliziertere zwei- und dreidimensionale Geometrien zu berücksichtigen.

Ursprünglich wurde die Methode in den fünfziger Jahren von Ingenieuren entwickelt, um große Systeme von Flugzeugbauteilen untersuchen zu können. Erst später entdeckte man die enge Verbindung der FEM mit dem bekannten Ritzschen Verfahren und eine Arbeit von Courant hierzu aus dem Jahre 1943. Die ersten mathematisch fundierten Untersuchungen stammen von K. O. Friedrichs (1962) und L. A. Oganesjan (1966), in den darauffolgenden Jahren schuf man eine breite mathematische Theorie der Methode. Zur raschen Verbreitung der FEM trug wesentlich die Monographie von Zienkiewicz (1967) bei.

Wir nehmen an, daß ein gegebenes stationäres technisches Problem durch ein Variationsprinzip oder ein Randwertproblem für eine Differentialgleichung beschrieben werde. Bei der Methode der finiten Elemente wird das z. B. zweidimensionale zugrunde liegende Gebiet in einfache Teilgebiete zerlegt, etwa in Dreiecke, Vierecke usw. Die FEM erzeugt dann ein Gleichungssystem für Näherungswerte der unbekannten Funktion in ausgezeichneten Punkten der Teilgebiete. Nach dem Lösen des Gleichungssystems sind die Werte der Unbekannten in den ausgezeichneten Punkten näherungsweise bekannt.

Es gibt nun verschiedene Möglichkeiten der Erzeugung des Gleichungssystems (des *diskreten Problems*), ausgehend von einem Variationsprinzip oder einem Randwertproblem (s. Abb. 1).

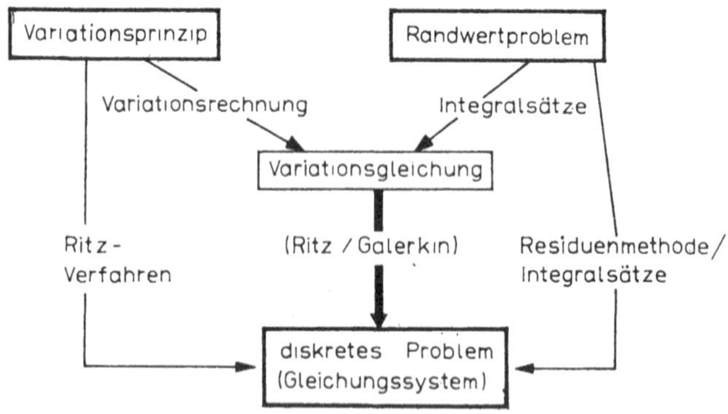

Abb. 1

Einen weiteren Weg, die diskrete Modellierung, möchten wir lediglich erwähnen.

Das Ritzsche Verfahren stellt beim Vorliegen eines Variationsprinzips den einfachsten Weg zum diskreten Problem dar. Es gibt jedoch für ingenieurtechnische Probleme oft kein Variationsprinzip. Dies hängt eng damit zusammen, daß die Lösung eines Randwertproblems nur dann auch Lösung eines zugeordneten Variationsproblems ist, wenn der entsprechende Differentialoperator symmetrisch ist.

Deshalb gehen wir in diesem Taschenbuch ab Abschnitt 2 stets so vor, daß wir als Ausgangspunkt eine *Variationsgleichung* wählen, dann ist nämlich die Erzeugung des diskreten Problems ebenfalls einfach. Im nachfolgenden Abschnitt demonstrieren wir an typischen Beispielen, wie man ausgehend von einem Variationsprinzip oder einem Randwertproblem die zugeordnete Variationsgleichung gewinnt. Im Abschnitt 2.1. findet man eine Übersicht von Randwertproblemen zweiter Ordnung und den zugeordneten Variationsgleichungen.

Wir erläutern nun noch den Begriff „Variationsgleichung". Sei V eine gegebene Menge von Funktionen mit der Eigenschaft, daß aus $v_1 \in V$, $v_2 \in V$ folgt $\beta_1 v_1 + \beta_2 v_2 \in V$ für reelle β_1, β_2 (man sagt, V ist eine lineare Menge). Als Beispiel halten wir uns die Menge der in einem Gebiet Ω stetig differenzierbaren Funktionen vor Augen. Dann heißt $f(v)$ mit $v \in V$ *Linearform auf* V, wenn $f(v)$ reell ist sowie

$$f(\alpha v) = \alpha f(v) \quad (\alpha \text{ beliebige reelle Zahl}) \tag{1.1}$$

und

$$f(v_1 + v_2) = f(v_1) + f(v_2) \tag{1.2}$$

gelten.

Ein Beispiel einer Linearform ist etwa

$$f(v) = \int_\Omega v \, \mathrm{d}\Omega,$$

ein zweites

$$f(v) = \int_\Omega gv \, \mathrm{d}\Omega$$

mit einer beliebig gewählten, festen stetigen Funktion g.

Aus den Eigenschaften (1.1) und (1.2) einer Linearform folgt für beliebige reelle α_1, α_2 unmittelbar

$$f(\alpha_1 v_1 + \alpha_2 v_2) = \alpha_1 f(v_1) + \alpha_2 f(v_2). \tag{1.3}$$

Wird jeweils zwei Funktionen $u, v \in V$ eine reelle Zahl $a(u, v)$ zugeordnet, so heißt diese Abbildung *Bilinearform auf* V, wenn sie für jedes feste u und für jedes feste v eine Linearform in der anderen Variablen ist.

Sei Ω ein zweidimensionales Gebiet in der x-y-Ebene. Dann sind Beispiele von Bilinearformen

$$a(u, v) = \int_\Omega uv \, \mathrm{d}\Omega,$$

$$a(u, v) = \int_\Omega \left(uv + \frac{\partial u}{\partial x} \frac{\partial v}{\partial x} \right) \mathrm{d}\Omega,$$

$$a(u, v) = \int_\Omega \left(g_1 uv + g_2 u \frac{\partial v}{\partial x} \right) \mathrm{d}\Omega;$$

im letzten Beispiel sind g_1 und g_2 beliebig gewählte, feste stetige Funktionen.

Die Eigenschaften von Linearformen übertragen sich auf Bilinearformen, so gilt z. B.

$$a(\alpha_1 u_1 + \alpha_2 u_2, v) = \alpha_1 a(u_1, v) + \alpha_2 a(u_2, v). \tag{1.4}$$

In einer *symmetrischen Bilinearform* kann man u und v vertauschen, sie ist also gekennzeichnet durch $a(u, v) = a(v, u)$. Von den drei Beispielen sind die ersten beiden Bilinearformen symmetrisch, die dritte ist es nicht.

Wir nennen nun ein Problem der Form

Gesucht ist ein $u \in V$, so daß für alle $v \in V$ gilt

$$a(u, v) = f(v) \tag{1.5}$$

Variationsgleichung.

Wir bezeichnen den Rand eines beschränkten zweidimensionalen Gebietes Ω mit Γ und die Vereinigung von Ω mit seinem Rand Γ mit $\bar{\Omega}$.

1.2. *Beispiele zur Überführung eines Problems in eine Variationsgleichung*

1.2.1. *Ein Variationsprinzip*

Wir betrachten das Problem der Durchbiegung einer trapezförmigen Platte, die an einer Seite fest eingespannt und an den anderen Seiten frei aufgelagert ist.

Zur Vereinfachung erfolge die äußere Belastung $q = (q_x, q_y, q_z)^\top$ nur senkrecht zur Mittelebene, d. h. $q_x = q_y = 0$, und die Plattendicke h sei so klein, daß alle untereinanderliegenden Punkte näherungsweise dieselbe Durchbiegung $w = w(x, y)$ besitzen. Weiterhin nehmen wir an, daß die Spannungen normal zur Mittelebene vernachlässigbar klein sind: $\sigma_z = \tau_{yz} = \tau_{xz} = 0$. Nach dem Prinzip des Minimums der potentiellen Energie muß für eine stabile Gleichgewichtslage die Summe der potentiellen Energien der äußeren Lasten und der inneren Kräfte minimal sein, das führt zu der Aufgabe, das Funktional π zu minimieren mit

$$\pi = \frac{1}{2} \int_R \sigma^\top \varepsilon \, \mathrm{d}R - \int_R p^\top u \, \mathrm{d}R - \int_S q^\top u \, \mathrm{d}S.$$

Hierbei ist R das dreidimensionale, die Platte beschreibende Gebiet, S dessen Oberfläche, σ der Spannungsvektor, ε der Verzerrungsvektor und $u = (u_x, u_y, u_z)^{\mathrm{T}}$ der Vektor der Verschiebungen.

In unserem Fall gilt $u_z = w$ und

$$u_x = -z\,\frac{\partial w}{\partial x}, \quad u_y = -z\,\frac{\partial w}{\partial y},$$

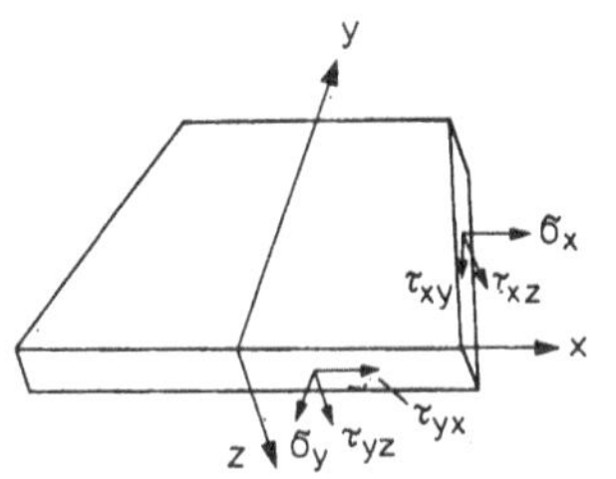

Abb. 2

falls man aufgrund der Kleinheit der Durchbiegung den Tangentenwinkel näherungsweise durch die partiellen Ableitungen ausdrückt. Für den Verzerrungstensor ergibt sich damit

$$\varepsilon_x = \frac{\partial u_x}{\partial x} = -z\,\frac{\partial^2 w}{\partial x^2}, \quad \varepsilon_y = \frac{\partial u_y}{\partial y} = -z\,\frac{\partial^2 w}{\partial y^2},$$

$$\gamma_{xy} = \frac{\partial u_x}{\partial y} + \frac{\partial u_y}{\partial x} = -2z\,\frac{\partial^2 w}{\partial x\,\partial y}.$$

Nehmen wir an, daß das Hooksche Materialgesetz gilt, so erhalten wir für den Zusammenhang von Spannungen und Verzerrungen den Ansatz

$$\begin{bmatrix}\sigma_x\\ \sigma_y\\ \sigma_z\end{bmatrix} = \frac{E}{(1+\nu)(1-2\nu)}\begin{bmatrix}1-\nu & \nu & \nu\\ \nu & 1-\nu & \nu\\ \nu & \nu & 1-\nu\end{bmatrix}\begin{bmatrix}\varepsilon_x\\ \varepsilon_y\\ \varepsilon_z\end{bmatrix},$$

$$\tau_{xy} = \frac{E}{2(1+\nu)}\,\gamma_{xy}$$

mit dem Elastizitätsmodul E und der Querkontraktion ν. Wegen $\sigma_z = 0$ folgt $\varepsilon_z = -\frac{\nu}{1-\nu}(\varepsilon_x + \varepsilon_y)$, das liefert

$$\sigma_x = \frac{E}{1-\nu^2}(\varepsilon_x + \nu\varepsilon_y) = -\frac{Ez}{1-\nu^2}\left(\frac{\partial^2 w}{\partial x^2} + \nu\frac{\partial^2 w}{\partial y^2}\right),$$

$$\sigma_y = \frac{E}{1-\nu^2}(\nu\varepsilon_x + \varepsilon_y) = -\frac{Ez}{1-\nu^2}\left(\nu\frac{\partial^2 w}{\partial x^2} + \frac{\partial^2 w}{\partial y^2}\right),$$

$$\tau_{xy} = -\frac{Ez}{1+\nu}\frac{\partial^2 w}{\partial x\,\partial y}.$$

Vernachlässigen wir aufgrund der Dünnheit der Platte den auf die inneren Kräfte zurückführenden Teil der potentiellen Energie, so gewinnt man schließlich

$$\pi = \frac{1}{2}\int_R \frac{Ez^2}{1-\nu^2}\left[\left(\frac{\partial^2 w}{\partial x^2} + \nu\frac{\partial^2 w}{\partial y^2}\right)\frac{\partial^2 w}{\partial x^2}\right.$$

$$\left. + \left(\nu\frac{\partial^2 w}{\partial x^2} + \frac{\partial^2 w}{\partial y^2}\right)\frac{\partial^2 w}{\partial y^2} + 2(1-\nu)\left(\frac{\partial^2 w}{\partial x\,\partial y}\right)^2\right] \mathrm{d}R$$

$$- \int_S q_z w \,\mathrm{d}S$$

bzw. nach Integration über die Plattendicke

$$\pi = \int_\Omega \left\{\frac{N}{2}[w_{xx}, w_{yy}, w_{xy}]\begin{bmatrix}1 & \nu & 0\\ \nu & 1 & 0\\ 0 & 0 & 2(1-\nu)\end{bmatrix}\begin{bmatrix}w_{xx}\\ w_{yy}\\ w_{xy}\end{bmatrix} - q_z w\right\}\mathrm{d}\Omega.$$

Dabei ist Ω das die Platte beschreibende Gebiet in der x-y-Eben und $N = \frac{Eh^3}{12(1-\nu^2)}$ die Plattensteifigkeit. Γ_1 sei der Teil des Randes von Ω, der durch eine feste Einspannung gekennzeichnet ist, Γ_2 der Teil des Randes, gekennzeichnet durch die freie Auflagerung. V sei die Menge aller zweimal differenzierbaren Funktionen mit $v = \frac{\partial v}{\partial n} = 0$ auf Γ_1 und $v = \Delta v = 0$ auf Γ_2. Gesucht ist die Funktion $u \in V$, die das Funktional $\pi(w)$ minimiert. Wir betrachten eine zur Funktion u „benachbarte" Funktion w mit

$$w = u + \beta v \qquad (v \in V, \beta \text{ reell}).$$

Da $\pi(w)$ für $w = u$, also für $\beta = 0$, minimal werden soll, muß gelten

$$\frac{\mathrm{d}}{\mathrm{d}\beta} \pi(u + \beta v)|_{\beta=0} = 0.$$

Das liefert

$$\int\limits_\Omega \left\{N[u_{xx}, u_{yy}, u_{xy}] \begin{bmatrix} 1 & \nu & 0 \\ \nu & 1 & 0 \\ 0 & 0 & 2(1-\nu) \end{bmatrix} \begin{bmatrix} v_{xx} \\ v_{yy} \\ v_{xy} \end{bmatrix} - q_z v \right\} \mathrm{d}\Omega = 0 \tag{1.6}$$

für alle $v \in V$. Setzt man

$$f(v) = \int\limits_\Omega q_z v \,\mathrm{d}\Omega,$$

$$a(u, v) = \int\limits_\Omega N[u_{xx}, u_{yy}, u_{xy}] \begin{bmatrix} 1 & \nu & 0 \\ \nu & 1 & 0 \\ 0 & 0 & 2(1-\nu) \end{bmatrix} \begin{bmatrix} v_{xx} \\ v_{yy} \\ v_{xy} \end{bmatrix} \mathrm{d}\Omega,$$

so ist $f(v)$ eine Linearform, $a(u, v)$ eine Bilinearform und die Optimalitätsbedingung (1.6) ist eine Variationsgleichung.

1.2.2. *Ein Randwertproblem: Beispiel 1*

Bei Wärmeleitungsproblemen genügt die stationäre Temperaturverteilung T der Differentialgleichung

$$-k\,\Delta T = Q,$$

k ist der Wärmeleitfähigkeitskoeffizient, Q die Wärmequellenergiebigkeit. Der Einfachheit halber nehmen wir an, die Temperatur am Rand Γ des den Körper beschreibenden Gebietes Ω werde festgehalten, es gelte $T = 0$ auf Γ. Bekanntlich läßt sich die Lösung des Randwertproblems

$$\begin{aligned} -\Delta T &= q \quad \text{in} \quad \Omega, \\ T &= 0 \quad \text{auf} \quad \Gamma \end{aligned} \tag{1.7}$$

dadurch kennzeichnen, daß sie das Funktional

$$\varkappa = \int\limits_{\Omega} \left[\left(\frac{\partial w}{\partial x}\right)^2 + \left(\frac{\partial w}{\partial y}\right)^2 + \left(\frac{\partial w}{\partial z}\right)^2 - 2qw\right] \mathrm{d}\Omega$$

minimiert. Auf diesem Weg kann man analog wie eben beschrieben die (1.7) zugeordnete Variationsgleichung bestimmen. Entsprechend unserem Schema (s. Abb. 1) kann man die Variationsgleichung aber auch direkt aus (1.7) gewinnen.

Sei V die Menge aller in Ω differenzierbaren Funktionen mit $v = 0$ auf Γ. Wir bezeichnen die Lösung des Randwertproblems (1.7) wieder mit u (ersetzen also T durch u), multiplizieren die Differentialgleichung mit einer beliebigen Funktion $v \in V$ und integrieren über Ω. Das liefert

$$-\int\limits_{\Omega} (\Delta u)\, v \,\mathrm{d}\Omega = \int\limits_{\Omega} qv \,\mathrm{d}\Omega .$$

Nun benötigen wir den Gaußschen Integralsatz

$$\int\limits_{\Omega} \left(\frac{\partial P}{\partial x} + \frac{\partial Q}{\partial y} + \frac{\partial R}{\partial z}\right) \mathrm{d}\Omega = \int\limits_{\Gamma} (P, Q, R) \cdot n \,\mathrm{d}\Gamma . \qquad (1.8)$$

Γ ist der Rand von Ω, n der äußere Normaleneinheitsvektor bezüglich Γ. Setzt man hier

$$P = u_x \cdot v, \qquad Q = u_y \cdot v, \qquad R = u_z \cdot v,$$

so verschwindet das Integral auf der rechten Seite, weil Funktionen aus V auf dem Rand von Ω gleich Null sind, und man erhält

$$-\int\limits_{\Omega} (\Delta u)\, v \,\mathrm{d}\Omega = \int\limits_{\Omega} \left(\frac{\partial u}{\partial x}\frac{\partial v}{\partial x} + \frac{\partial u}{\partial y}\frac{\partial v}{\partial y} + \frac{\partial u}{\partial z}\frac{\partial v}{\partial z}\right) \mathrm{d}\Omega .$$

Setzt man

$$a(u, v) = \int\limits_{\Omega} \left(\frac{\partial u}{\partial x}\frac{\partial v}{\partial x} + \frac{\partial u}{\partial y}\frac{\partial v}{\partial y} + \frac{\partial u}{\partial z}\frac{\partial v}{\partial z}\right) \mathrm{d}\Omega ,$$

$$f(v) = \int\limits_{\Omega} qv \,\mathrm{d}\Omega ,$$

so haben wir das Randwertproblem (1.7) in die Variationsgleichung:

Gesucht ist ein $u \in V$ mit

$$a(u, v) = f(v) \quad \text{für alle} \quad v \in V$$

mit einer symmetrischen Bilinearform überführt.

Bei der Herleitung ist es belanglos, ob Ω ein zweidimensionales oder ein dreidimensionales Gebiet ist, im zweidimensionalen Fall fällt lediglich der letzte Summand in dem die Bilinearform definierenden Integral weg.

Andere technische Problemstellungen führen ebenfalls auf die Randwertaufgabe (1.7). Betrachtet man z. B. einen geraden Stab mit Vollquerschnitt, der durch ein konstantes Moment, dessen Wirkungsebene senkrecht zur Stabachse liegt, auf Torsion beansprucht wird, so genügt die Torsionsfunktion $F(x, y)$ dem System

$$-\Delta F = 2G\vartheta \quad \text{in} \quad \Omega$$
$$F = 0 \quad \text{auf} \quad \Gamma,$$

dabei ist G der Schubmodul, ϑ die spezifische Verdrehung des tordierten Stabes.

1.2.3. Ein Randwertproblem: Beispiel 2

Untersucht man die Strömung diffundierender Substanzen, so genügt die Konzentrationsänderung infolge Diffusion im stationären, zweidimensionalen Fall einem Randwertproblem vom Typ

$$\begin{aligned} -\Delta c + w_1 \frac{\partial c}{\partial x} + w_2 \frac{\partial c}{\partial y} &= g \quad \text{in} \quad \Omega, \\ \frac{\partial c}{\partial n} &= 0 \quad \text{auf} \quad \Gamma, \end{aligned} \tag{1.9}$$

$w = (w_1, w_2)$ ist die Konvektionsgeschwindigkeit.

Jetzt ist es im allgemeinen nicht möglich, eine zugeordnete Minimierungsaufgabe anzugeben. Man kann das Randwertproblem (1.9) aber fast analog wie die eben untersuchte Randwertaufgabe in eine Variationsgleichung überführen. Ein wesentlicher Unterschied ist die Art der Berücksichtigung der Randbedingung. Während man bei der Randbedingung $T = 0$ auf Γ (Dirichletsche Randbedingung oder Bedingung 1. Art) den Raum V so definiert, daß Funktionen aus V dieser Bedingung genügen, ist das jetzt nicht notwendig, denn bei der Randbedingung $\frac{\partial c}{\partial n} = 0$ auf Γ (Neumannsche Randbedingung oder Bedingung 2. Art) verschwindet das Integral über Γ im Integralsatz (1.8) automatisch.

Sei also V die Menge aller in Ω differenzierbaren Funktionen. Setzt man

$$a(u, v) = \int_\Omega \left(\frac{\partial u}{\partial x} \frac{\partial v}{\partial x} + \frac{\partial u}{\partial y} \frac{\partial v}{\partial y} + w_1 \frac{\partial u}{\partial x} v + w_2 \frac{\partial u}{\partial y} v \right) d\Omega,$$

$$f(v) = \int_\Omega gv \, d\Omega,$$

so hat man (1.9) in eine Variationsgleichung mit einer nicht symmetrischen Bilinearform überführt.

Man nennt manchmal eine Dirichletsche Randbedingung für Probleme vom Typ (1.9) *wesentliche Randbedingung,* da sie den Raum V mit kennzeichnet, eine Neumannsche Randbedingung *natürliche Randbedingung,* weil sie die Definition von V nicht beeinflußt.

Eine Randbedingung vom Typ $\frac{\partial c}{\partial n} + \sigma c = 0$ (Robinsche Bedingung oder Bedingung 3. Art) ist auch in dem Sinne natürlich, daß sie zur Charakterisierung von V nicht beiträgt. Entsprechend dem Gaußschen Integralsatz (1.8) erhält man aber einen zusätzlichen, die Bilinearform definierenden Summanden mit

$$a^*(u, v) := a(u, v) + \int_\Gamma \sigma uv \, d\Gamma.$$

Weitere Beispiele von Randwertaufgaben und zugeordneten Variationsgleichungen findet der Leser im Abschnitt 2.1.

2. Das Grundkonzept

2.1. *Stetiges und diskretes Problem. Beispiele von finiten Elementen*

2.1.1. *Die Grundzüge der Methode*

V sei eine gegebene Menge von Funktionen, wir sagen auch: ein gegebener *Funktionenraum*. Gesucht ist nun eine Funktion $u \in V$, die die Variationsgleichung

$$a(u, v) = f(v) \quad \text{für alle} \quad v \in V \tag{2.1}$$

erfüllt.

Als Standardbeispiel benutzen wir die dem Dirichlet-Problem mit homogenen Randbedingungen für die Laplacesche DGL entsprechende Aufgabe (vgl. 1.2): Dort war V die Menge aller in einem Gebiet Ω stetig differenzierbaren Funktionen, die auf dem Rand von Ω verschwinden, weiter

$$a(u, v) = \int_\Omega \left(\frac{\partial u}{\partial x}\frac{\partial v}{\partial x} + \frac{\partial u}{\partial y}\frac{\partial v}{\partial y}\right) \mathrm{d}\Omega, \qquad f(v) = \int_\Omega gv \,\mathrm{d}\Omega$$

mit einer gegebenen stetigen Funktion g.

Wir setzen grundsätzlich voraus, daß Ω ein *zulässiges Gebiet* ist. Das bedeutet, daß man einen Randpunkt $(x, y) \in \Gamma$ des Gebietes so in den Punkt $(0, 0)$ bewegen kann (durch Verschiebungen und Drehungen), daß der verschobene Rand in der Umgebung von $(0, 0)$ beschrieben werden kann durch $y = f(x)$ mit $|x| < R$, das verschobene Gebiet durch $|x| < R$, $f(x) < y < 2LR$. Dabei genügt die Funktion $f(x)$ der Bedingung (Lipschitz-Bedingung)

$$|f(x_1) - f(x_2)| \leqq L\,|x_1 - x_2|\,.$$

Oft genügt es zu wissen, daß alle weiteren Darlegungen für beschränkte konvexe Gebiete und für polygonal berandete Gebiete gelten.

k Funktionen $w_1, \ldots, w_k$ heißen *linear unabhängig*, wenn jede der Funktionen, etwa w_l, nicht durch die anderen Funktionen dargestellt werden kann als

$$w_l = c_1 w_1 + \cdots + c_{l-1} w_{l-1} + c_{l+1} w_{l+1} + \cdots + c_k w_k$$

mit Konstanten $c_1, \ldots, c_k$. Man sagt, w_l ist nicht Linearkombination von $w_1, \ldots, w_{l-1}, w_{l+1}, \ldots, w_k$.

Es seien $w_1, \ldots, w_N$ N linear unabhängige Funktionen aus V und V_h sei die Menge aller Linearkombinationen

$$\sum_{i=1}^{N} c_i w_i \qquad (c_i \text{ Konstanten}).$$

Man bezeichnet V_h als einen *N-dimensionalen Teilraum* von V. Die w_i heißen *Basisfunktionen* von V_h, in den Büchern von Schwarz und Zienkiewicz findet man auch die Bezeichnung *globale Formfunktionen.*

Eine Näherungslösung von (2.1) sei nun eine Funktion $u_h \in V_h$. Man kann auch sagen, man sucht eine Näherung u_h mit dem *Ansatz*

$$u_h = \sum_{i=1}^{N} u_i w_i$$

mit den unbekannten Konstanten u_i.

Es kann jetzt (u_h ist eine Näherungslösung) sicherlich i. allg. nicht für alle $v \in V$ gelten

$$a(u_h, v) = f(v).$$

Natürlich scheint aber die Forderung

$$a(u_h, v_h) = f(v_h) \quad \text{für alle} \quad v_h \in V_h, \tag{2.2}$$

sie projiziert gewissermaßen das Problem (2.1) in V auf ein Problem in V_h. Wenn (2.2) für alle $v_h \in V_h$ gilt, so gilt speziell auch für $w_i \in V_h$:

$$a(u_h, w_i) = f(w_i), \qquad i = 1, \ldots, N. \tag{2.2*}$$

Umgekehrt: Wenn (2.2*) richtig ist, so folgt durch Multiplikation mit Konstanten c_i und Summation

$$\sum_{i=1}^{N} c_i a(u_h, w_i) = \sum_{i=1}^{N} c_i f(w_i).$$

Die bekannten Eigenschaften von Bilinearform bzw. Linearform sichern

$$a(u_h, v_h) = f(v_h) \quad \text{für alle} \quad v_h \in V_h.$$

(2.2) und (2.2*) sind also äquivalent. Wir nennen (2.2) oder (2.2*) das *diskrete Problem.*

(2.2) ist Ausgangspunkt theoretischer Überlegungen, (2.2*) Ausgangspunkt zur praktischen Berechnung der Näherung u_h. Setzt man nämlich für u_h den Ansatz ein, so folgt

$$a\left(\sum_{i=1}^{N} u_i w_i, w_j\right) = f(w_j), \qquad j = 1, \ldots, N,$$

bzw. (a ist Bilinearform)

$$\sum_{i=1}^{N} a(w_i, w_j)\, u_i = f_j, \qquad j = 1, \ldots, N. \tag{2.3}$$

Dies ist ein Gleichungssystem mit N Gleichungen für die N Unbekannten u_i, für die Koeffizientenmatrix A_h gilt

$$A_h = [a_{ij}]_{i,j=1,\ldots,N}, \qquad a_{ij} = a(w_j, w_i).$$

Der diskreten Aufgabe entspricht also ein Gleichungssystem. Man löst die diskrete Aufgabe, indem man aus den Basisfunktionen w_i die Größen

$$a_{ij} = a(w_j, w_i), \qquad f_j = f(w_j)$$

berechnet, dann die u_i aus dem Gleichungssystem (2.3) ermittelt, letztlich ist

$$u_h = \sum_{i=1}^{N} u_i w_i.$$

Entscheidend für die praktische Realisierbarkeit des Verfahrens ist die Wahl der Basisfunktionen w_i.

Zunächst erwachsen aus der Forderung, daß V_h Teilraum von V sein soll, gewisse Forderungen an die w_i. Dies sind einmal Glattheitsforderungen, zum anderen die Forderung der Erfüllung gewisser Zusatzbedingungen. Hat man z. B. ein Randwertproblem für eine Differentialgleichung in eine Variationsgleichung überführt, so geht ein Teil der Randbedingungen in die Bilinearform bzw. die Linearform ein, ein anderer Teil geht ein in die Festlegung des Raumes V, genau diesen Teil der Randbedingungen müssen die w_i erfüllen (man erinnere sich an die Beispiele in Abschnitt 1.2).

Glattheitsforderungen und Zusatzbedingungen lassen für die Bestimmung der w_i noch viel Spielraum. Deswegen versucht man die w_i nun so zu wählen, daß das diskrete Problem möglichst einfach wird.

Wenn die Näherung u_h von u gut sein soll (wir gehen später genauer darauf ein, wie man das mißt), muß oft die Anzahl N der Basisfunktionen groß sein. Man hat dann ein Gleichungssystem mit relativ vielen Unbekannten zu lösen. Daher ist es wünschenswert, daß die Matrix A_h möglichst viele Nullelemente enthält. Am günstigsten wäre, wenn die Matrix A_h die Einheitsmatrix ist. Dies läßt sich aber praktisch nicht realisieren, weil es schwierig ist, die Basisfunktionen so zu wählen, daß die Einheitsmatrix entsteht. Nun ist a_{ij} i. allg. ein Integral über das Gebiet Ω von Summen von Produkten von w_i und w_j und deren Ableitungen. Wählt man die Basisfunktion w_i nun so, daß sie nur in einem kleinen Teilgebiet Ω_i von Ω von Null verschieden ist und sonst identisch Null, so werden z. B. Produkte $w_i w_j$ ($i = 1, \ldots, N$, $j = 1, \ldots, N$) nur für einige i und j von Null verschieden sein.

Nun können wir die Grundzüge der Methode der finiten Elemente formulieren:

(G 1) Man wähle N Basisfunktionen w_i so, daß w_i nur in einem kleinen Teilgebiet Ω_i von Ω von Null verschieden ist und Ω_i und Ω_j für möglichst viele i und j keinen Punkt gemeinsam haben.

(G 2) Man berechne a_{ij}, f_j und löse das Gleichungssystem

$$\sum_{i=1}^{N} a_{ji} u_i = f_j, \qquad j = 1, \ldots, N.$$

(G 3) Die Näherungslösung u_h von (2.1) ist

$$u_h = \sum_{i=1}^{N} u_i w_i .$$

2.1.2. *Ein erstes Beispiel und eine Schwierigkeit*

Wir betrachten das Standardbeispiel

$$-\Delta u = g \quad \text{in } \Omega, \qquad u = 0 \quad \text{auf } \Gamma$$

im Einheitsquadrat. Die entsprechende Variationsgleichung ist

$$a(u, v) = f(v)$$

mit

$$a(u, v) = \int_{\Omega} \left(\frac{\partial u}{\partial x} \frac{\partial v}{\partial x} + \frac{\partial u}{\partial y} \frac{\partial v}{\partial y} \right) d\Omega,$$

$$f(v) = \int_{\Omega} g v \, d\Omega.$$

V besteht aus den in Ω stetig differenzierbaren Funktionen, die auf Γ verschwinden.

Zur Konstruktion geeigneter Basisfunktionen zerlegen wir das Quadrat zunächst in Teilquadrate durch $x_\nu = \nu h$, $y_\mu = \mu h$

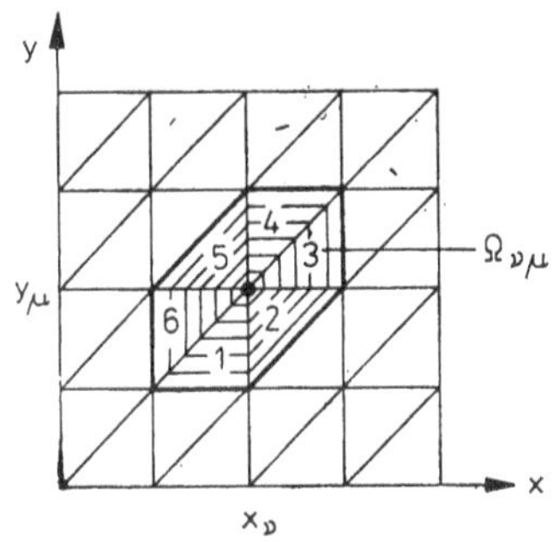

Abb. 3

$(\nu, \mu = 1, 2, \ldots, M - 1; Mh = 1)$, jedes Quadrat in zwei Teildreiecke (s. Abb. 3). V_h sei der $(M - 1)^2 = N$-dimensionale Raum, der dadurch gekennzeichnet ist, daß jede Funktion in jedem Dreieck eine lineare Funktion in x und y ist. Basisfunktionen in V_h sind Funktionen $\varphi_{\nu\mu}(x, y)$, $(\nu, \mu = 1, \ldots, M - 1)$ mit der Eigenschaft

$$\varphi_{\nu\mu}(x_k, y_l) = \begin{cases} 1 & \text{für } k = \nu, l = \mu, \\ 0 & \text{sonst.} \end{cases}$$

Es gilt dann

$$\varphi_{\nu\mu}(x, y) \equiv 0, \quad \text{wenn} \quad (x, y) \notin \Omega_{\nu\mu}.$$

$\Omega_{\nu\mu}$ (s. Abb. 3) ist also das „kleine" Teilgebiet, in dem $\varphi_{\nu\mu}$ von Null verschieden ist.

Wir berechnen nun $\varphi_{\nu\mu}$ in den Dreiecken 1, 2, ..., 6. Betrachten wir beispielsweise das Dreieck 1. Es muß gelten

$$\varphi_{\nu\mu} = \begin{cases} 1, & x = x_\nu, \quad y = y_\mu, \\ 0, & x = x_{\nu-1}, \quad y = y_{\mu-1}, \\ 0, & x = x_\nu, \quad y = y_{\mu-1}. \end{cases}$$

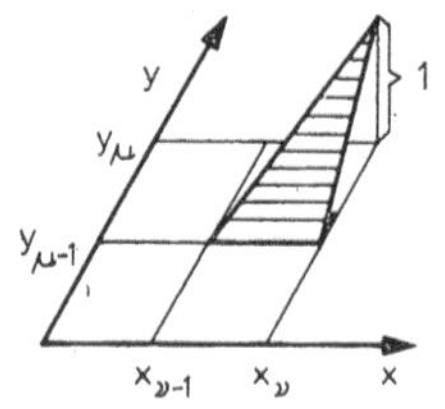

Abb. 4

Sei

$$\varphi_{\nu\mu} = d_0 + d_1 x + d_2 y.$$

Dann liefern die obigen Forderungen

$$1 = d_0 + d_1 x_\nu + d_2 y_\mu,$$
$$0 = d_0 + d_1 x_{\nu-1} + d_2 y_{\mu-1},$$
$$0 = d_0 + d_1 x_\nu + d_2 y_{\mu-1}.$$

Das ergibt $d_1 = 0$, $d_2 = 1/h$ und $d_0 = 1 - \mu$. Es ist also im Dreieck 1

$$\varphi_{\nu\mu} = 1 + \left(\frac{y}{h} - \mu\right).$$

Analog erhält man

$$\varphi_{\nu\mu} = \begin{cases} 1 - \left(\frac{x}{h} - \nu\right) + \left(\frac{y}{h} - \mu\right), & \text{Dreieck 2}, \\ 1 - \left(\frac{x}{h} - \nu\right), & \text{Dreieck 3}, \\ 1 - \left(\frac{y}{h} - \mu\right), & \text{Dreieck 4}, \\ 1 + \left(\frac{x}{h} - \nu\right) - \left(\frac{y}{h} - \mu\right), & \text{Dreieck 5}, \\ 1 + \left(\frac{x}{h} - \nu\right), & \text{Dreieck 6}. \end{cases}$$

Wir haben jetzt also einfache Basisfunktionen mit der gewünschten Eigenschaft, z. B. gilt

$$\int_\Omega \varphi_{\nu\mu}\varphi_{kl}\,\mathrm{d}\Omega = 0, \quad \text{wenn} \quad |\nu - k| > 1 \quad \text{oder} \quad |\mu - l| > 1.$$

Jedoch tritt für diese Wahl $\varphi_{\nu\mu}$ ein Problem auf. $\varphi_{\nu\mu}$ ist zwar stetig, aber nicht stetig differenzierbar, etwa auf dem Rand von $\Omega_{\nu\mu}$ oder auch entlang der „inneren" Dreieckskanten. Da dies eine generelle Eigenschaft der Räume V_h ist, die man bei der FEM wählt, sind unsere bisherigen Überlegungen in bezug auf den Raum V nicht ausreichend.

2.1.3. *Die Funktionenräume* $\mathbf{L}^2$ *und* $\mathbf{H}^1$

Eine Funktion $g(x, y)$ gehört zum Funktionenraum $\mathbf{L}^2(\Omega)$, wenn das Integral

$$\int_\Omega g^2\,\mathrm{d}\Omega$$

existiert und endlich ist. Jede stückweise stetige Funktion g gehört zum $\mathbf{L}^2$. Dabei ist eine *stückweise stetige Funktion* eine Funktion, für die es eine Zerlegung von Ω in endlich viele zulässige Gebiete Ω_i gibt, so daß g in $\bar{\Omega}_i$ stetig ist. Hat man solch eine stückweise stetige Funktion g, so gilt

$$\int_\Omega g\,\mathrm{d}\Omega = \sum_{i=1}^{M} \int_{\Omega_i} g\,\mathrm{d}\Omega_i,$$

und die Integrale auf der rechten Seite dieser Beziehung kann man mit den bekannten Integrationsmethoden ausrechnen.

Gehören Funktionen zum Raum $\mathbf{L}^2$, so gehört auch jede Linearkombination von ihnen zu diesem Raum. Sehr wichtig ist die *Ungleichung von Schwarz*

$$\left|\int_\Omega fg\,\mathrm{d}\Omega\right| \leqq \sqrt{\int_\Omega f^2\,\mathrm{d}\Omega}\,\sqrt{\int_\Omega g^2\,\mathrm{d}\Omega}\,. \tag{2.4.}$$

Jeder Funktion aus dem $\mathbf{L}^2(\Omega)$ kann man ein Maß dafür zuordnen, inwieweit sich diese Funktion von der Funktion unterscheidet, die in Ω identisch Null ist. Man nennt dieses Maß eine

Norm und setzt

$$\|g\| = \|g\|_0 = \sqrt{\int_\Omega g^2 \,\mathrm{d}\Omega}.$$

Ein Maß für die Abweichung zweier Funktionen g_1, g_2 voneinander ist $\|g_1 - g_2\|$. Das ist z. B. von Bedeutung für Fehlerabschätzungen im FEM-Verfahren (s. Kap. 4). Eine Folgerung aus (2.4) ist die *Dreiecksungleichung*

$$\|g_1 + g_2\| \leqq \|g_1\| + \|g_2\|. \tag{2.5}$$

Man nennt das Integral

$$\int_\Omega fg \,\mathrm{d}\Omega$$

auch *Skalarprodukt von f und g* und schreibt

$$(f, g) = \int_\Omega fg \,\mathrm{d}\Omega.$$

Die Schwarzsche Ungleichung (2.4) kann man dann formulieren als

$$|(f, g)| \leqq \|f\|_0 \, \|g\|_0 \tag{2.4*}$$

oder

$$|(f, g)|^2 \leqq (f, f)\,(g, g).$$

Besitzt eine Funktion g eine stetige Ableitung $\frac{\partial g}{\partial x}$, so gilt nach der Formel der partiellen Integration (man setze in (1.8) $P = g\psi$, $Q = 0$, $R = 0$) für jede differenzierbare Funktion ψ, die auf dem Rand von Ω verschwindet,

$$\int_\Omega g \frac{\partial \psi}{\partial x} \,\mathrm{d}\Omega = -\int_\Omega \frac{\partial g}{\partial x} \psi \,\mathrm{d}\Omega.$$

Mit Hilfe dieser Formel kann man nun Ableitungen für Funktionen definieren, die im üblichen Sinn nicht differenzierbar sind. Ist g eine integrierbare Funktion und h eine integrierbare Funktion mit

$$\int_\Omega g \frac{\partial \psi}{\partial x} \,\mathrm{d}\Omega = -\int_\Omega h\psi \,\mathrm{d}\Omega \text{ für alle } \psi,$$

so wird $h = \frac{\partial g}{\partial x}$ die *Ableitung* von g nach x genannt.

Zunächst ein eindimensionales Beispiel. Sei

$$g(x) = \begin{cases} 2x, & 0 \leqq x \leqq \frac{1}{2}, \\ 2 - 2x, & \frac{1}{2} \leqq x \leqq 1. \end{cases}$$

Eigentlich ist diese Funktion g in $[0, 1]$ (wegen des „Knicks" bei $x = \frac{1}{2}$) nicht differenzierbar. Für differenzierbare ψ mit

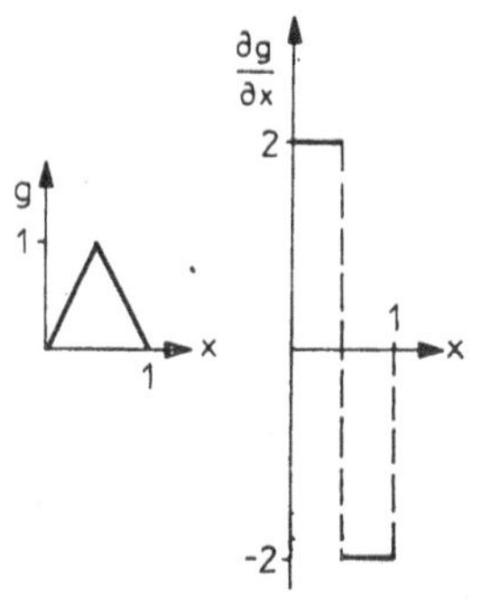

Abb. 5

$\psi(0) = \psi(1) = 0$ liefert aber partielle Integration

$$\int_0^1 g\psi' \, dx = \int_0^{1/2} 2x\psi' \, dx + \int_{1/2}^1 (2 - 2x)\, \psi' \, dx$$
$$= -\left[2 \int_0^{1/2} \psi \, dx - 2 \int_{1/2}^1 \psi \, dx\right].$$

Also ist im obigen Sinn

$$\frac{dg}{dx} = \begin{cases} 2, & 0 \leqq x < \frac{1}{2}, \\ -2, & \frac{1}{2} < x \leqq 1; \end{cases}$$

das entspricht dem, was man erwartet. Im Punkt $x = \frac{1}{2}$ kann g' beliebig festgesetzt werden.

Nun ein zweidimensionales Beispiel, das wichtig ist für die Methode der finiten Elemente. Eine Funktion $g(x, y)$ sei auf $\bar{\Omega}$ (s. Abb. 6) stetig und im Innern der K_i stetig differenzierbar. Solch eine Funktion ist i. allg. im üblichen Sinn nicht differenzierbar. Nun gilt nach dem Gaußschen Integralsatz (1.8)

$$\int_\Omega g \frac{\partial \psi}{\partial x} \mathrm{d}\Omega = \sum_{i=1}^{3} \int_{K_i} g \frac{\partial \psi}{\partial x} \mathrm{d}K_i = \sum_{i=1}^{3} \int_{\Gamma(K_i)} (g\psi, 0)^{\mathsf{T}} n \,\mathrm{d}\Gamma - \sum_{i=1}^{3} \int_{K_i} \frac{\partial g}{\partial x} \psi \,\mathrm{d}K_i.$$

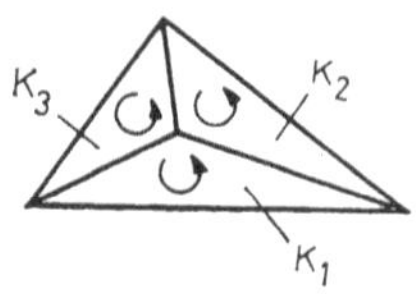

Abb. 6

Die Randintegrale im Innern heben sich gegenseitig weg, die auf dem Rand von Ω verschwinden, weil ψ dort ja definitionsgemäß verschwindet. Also gilt

$$\int_\Omega g \frac{\partial \psi}{\partial x} \mathrm{d}\Omega = -\sum_{i=1}^{3} \int_{K_i} \frac{\partial g}{\partial x} \psi \,\mathrm{d}K_i,$$

dies bedeutet, daß die Ableitung von g im Innern der K_i die übliche Ableitung ist. Was auf den Kanten der K_i geschieht, ist ohne Bedeutung.

Der skizzierte Ableitungsbegriff ermöglicht also, insbesondere stückweise differenzierbare Funktionen (die treten gerade bei der FEM auf) stückweise zu differenzieren. Eine Funktion g, die zum $\mathbf{L}^2(\Omega)$ gehört, gehört zum *Funktionenraum* $\mathbf{H}^1(\Omega)$, wenn $\frac{\partial g}{\partial x}$ und $\frac{\partial g}{\partial y}$ auch zum $\mathbf{L}^2(\Omega)$ gehören.

Man kann nun ähnlich wie im gerade behandelten Beispiel zeigen, daß stetige, stückweise differenzierbare Funktionen zum $\mathbf{H}^1$ gehören. Man muß aber zunächst präzisieren, welche Zerlegungen des Gebietes man zuläßt.

Eine Zerlegung von Ω in endlich viele Teile besitze folgende Eigenschaften:

(Z 1) $\bar{\Omega} = \bigcup_{i=1}^{M} K_i$.

(Z 2) Der Rand von K_i gehört zu K_i und das Innere von K_i sei ein zulässiges Gebiet.

(Z 3) K_i und K_j $(i \neq j)$ haben höchstens Randpunkte gemeinsam.

Dann gilt (s. [6])

Lemma 2.1: *Eine in $\bar{\Omega}$ stetige Funktion w, für die auf jedem K_i gilt $w \in \mathbf{H}^1(K_i)$, gehört zum $\mathbf{H}^1(\Omega)$.*

Insbesondere gehört also jede auf $\bar{\Omega}$ stetige Funktion, die auf jedem K_i ein Polynom ist, zum $\mathbf{H}^1$. Für die Methode der finiten Elemente benötigen wir gerade Funktionen mit diesen Eigenschaften. Betrachten wir z. B. die Basisfunktion $\varphi_{\nu\mu}$ des vorigen Abschnittes. $\varphi_{\nu\mu}$ ist stetig. Die K_i seien die durch die Zerlegung definierten Teildreiecke. Auf jedem Dreieck ist $\varphi_{\nu\mu}$ ein Polynom, gehört also zum $\mathbf{H}^1(K_i)$. Also ist $\varphi_{\nu\mu}$ eine $\mathbf{H}^1$-Funktion.

Soll man z. B.

$$\int_{\Omega} \left(\frac{\partial \varphi_{\nu\mu}}{\partial x}\right)^2 \mathrm{d}\Omega$$

berechnen, so ist dies jetzt problemlos möglich, denn $\dfrac{\partial \varphi_{\nu\mu}}{\partial x}$ liegt im $\mathbf{L}^2$. Also gilt

$$\int_{\Omega} \left(\frac{\partial \varphi_{\nu\mu}}{\partial x}\right)^2 \mathrm{d}\Omega = \sum_{i=1}^{M} \int_{K_i} \left(\frac{\partial \varphi_{\nu\mu}}{\partial x}\right)^2 \mathrm{d}K_i;$$

in jedem Dreieck rechnet man „wie üblich".

Im $\mathbf{H}^1(\Omega)$ setzt man als *Norm*

$$\|g\| = \|g\|_1 = \left(\int_{\Omega} g^2 \,\mathrm{d}\Omega + \int_{\Omega} \left(\frac{\partial g}{\partial x}\right)^2 \mathrm{d}\Omega + \int_{\Omega} \left(\frac{\partial g}{\partial y}\right)^2 \mathrm{d}\Omega\right)^{1/2}.$$

Auch hier gilt die Dreiecksungleichung.

Jede Funktion des $\mathbf{H}^1$ kann (gemessen in der Norm des $\mathbf{H}^1$) beliebig genau durch glatte Funktionen approximiert werden. Es gibt aber auch unstetige Funktionen, die zum $\mathbf{H}^1$ gehören. Sehr unstetig sind diese Funktionen aber nicht, ist z. B. eine

Funktion auf einem K_i gleich 1 und ansonsten 0, so gehört sie nicht zum $\mathbf{H}^1$.

Bei Differentialgleichungen ist es üblich, auf dem Rand Γ von Ω Randbedingungen zu stellen. Bei Funktionen, die in Ω und auf dem Rand stetig sind, kommt man gar nicht auf die Idee zu fragen, ob der Wert der Funktion auf dem Rand überhaupt eindeutig definiert ist, dies ist von vornherein klar. Für Funktionen aus dem $\mathbf{L}^2(\Omega)$ oder $\mathbf{H}^1(\Omega)$ sieht dies anders aus. Ist Ω ein zulässiges Gebiet (also z. B. ein Polygon), so kann man für $\mathbf{H}^1$-Funktionen Randwerte definieren. Man approximiert dabei die gegebene Funktion g durch stetige Funktionen und definiert den Wert von g auf Γ, $g|_\Gamma$, durch den Grenzwert der Folge der Randwerte der stetigen Funktionen, es gilt $g|_\Gamma \in \mathbf{L}^2(\Gamma)$.

Der *Funktionenraum* $\mathbf{H}_0^1(\Omega)$ ist die Menge aller Funktionen $g \in \mathbf{H}^1$ mit $g|_\Gamma = 0$. Dieser Raum spielt eine wichtige Rolle für die Lösung elliptischer Differentialgleichungen mit Dirichlet-Bedingungen auf dem Rand.

Hat man auf Teilen des Randes verschiedene Randbedingungen (gemischte Randwertaufgabe), so benötigt man einen Funktionenraum zwischen dem $\mathbf{H}_0^1$ und dem $\mathbf{H}^1$. Liegen etwa auf einem Teil Γ_1 von Γ Dirichlet-Bedingungen vor, so benötigt man den Raum aller Funktionen $g \in \mathbf{H}^1$ mit $g|_{\Gamma_1} = 0$.

2.1.4. *Das erste Beispiel (Fortsetzung)*

Wir betrachten erneut die DGL

$$-\Delta u = g \quad \text{in } \Omega, \qquad u|_\Gamma = 0$$

im Einheitsquadrat. Eine geeignete neue Formulierung dieses Problems ist: Gesucht ist ein $u \in \mathbf{H}_0^1(\Omega)$ mit

$$a(u, v) = f(v) \quad \text{für alle} \quad v \in \mathbf{H}_0^1(\Omega),$$

dabei ist

$$a(u, v) = \int_\Omega \left(\frac{\partial u}{\partial x}\,\frac{\partial v}{\partial x} + \frac{\partial u}{\partial y}\,\frac{\partial v}{\partial y}\right) \mathrm{d}\Omega,$$

$$f(v) = \int_\Omega g v \,\mathrm{d}\Omega.$$

Für $\mathbf{H}^1$-Funktionen liegt die Ableitung im $\mathbf{L}^2$, das $a(u, v)$ definierende Integral hat also einen Sinn. $f(v)$ ist definiert, wenn man $g \in \mathbf{L}^2$ voraussetzt.

V_h sei wieder der von den Basisfunktionen $\varphi_{\nu\mu}(x, y)$ erzeugte Raum. Nach Lemma 2.1. gehören die $\varphi_{\nu\mu}$ zum $\mathbf{H}^1$, außerdem sind die $\varphi_{\nu\mu}$ nach Definition auf dem Rand gleich Null. Also gehören die $\varphi_{\nu\mu}$ zum $\mathbf{H}_0^1(\Omega)$. Der Raum V_h ist also in $V = \mathbf{H}_0^1$ enthalten!

Nun kann man nach dem Grundkonzept der FEM eine Näherungslösung u_h berechnen. Man benötigt zunächst

$$a(\varphi_{\nu\mu}, \varphi_{kl}) = \int\limits_{\Omega} \left(\frac{\partial \varphi_{\nu\mu}}{\partial x} \frac{\partial \varphi_{kl}}{\partial x} + \frac{\partial \varphi_{\nu\mu}}{\partial y} \frac{\partial \varphi_{kl}}{\partial y}\right) \mathrm{d}\Omega .$$

Nun gilt

$$a(\varphi_{\nu\mu}, \varphi_{kl}) = 0 \quad \text{für} \quad \Omega_{\nu\mu} \cap \Omega_{kl} = \emptyset;$$

ansonsten erhält man

$$\int\limits_{\Omega} \frac{\partial \varphi_{\nu\mu}}{\partial x} \frac{\partial \varphi_{kl}}{\partial x} \mathrm{d}\Omega = \begin{cases} 2, & k = \nu, & l = \mu, \\ -1, & k = \nu + 1, & l = \mu, \\ 0, & k = \nu + 1, & l = \mu + 1, \\ 0, & k = \nu, & l = \mu + 1, \\ -1, & k = \nu - 1, & l = \mu, \\ 0, & k = \nu - 1, & l = \mu - 1, \\ 0, & k = \nu, & l = \mu - 1, \end{cases}$$

$$\int\limits_{\Omega} \frac{\partial \varphi_{\nu\mu}}{\partial y} \frac{\partial \varphi_{kl}}{\partial y} \mathrm{d}\Omega = \begin{cases} 2, & k = \nu, & l = \mu, \\ 0, & k = \nu + 1, & l = \mu, \\ 0, & k = \nu + 1, & l = \mu + 1, \\ -1, & k = \nu, & l = \mu + 1, \\ 0, & k = \nu - 1, & l = \mu, \\ 0, & k = \nu - 1, & l = \mu - 1, \\ -1, & k = \nu, & l = \mu - 1. \end{cases}$$

Es sei

$$f_{\nu\mu} = \frac{1}{h^2} \int\limits_{\Omega} g \varphi_{\nu\mu} \, \mathrm{d}\Omega = \frac{1}{h^2} \int\limits_{\Omega_{\nu\mu}} g \varphi_{\nu\mu} \, \mathrm{d}\Omega_{\nu\mu} .$$

Die Koeffizienten $a_{\nu\mu}$ der Näherungslösung

$$u_h = \sum_{\nu,\mu=1}^{M-1} a_{\nu\mu}\varphi_{\nu\mu}(x, y)$$

genügen dann dem Gleichungssystem

$$\frac{-a_{\nu-1,\mu} + 2a_{\nu\mu} - a_{\nu+1,\mu}}{h^2} + \frac{-a_{\nu,\mu-1} + 2a_{\nu\mu} - a_{\nu,\mu+1}}{h^2} = f_{\nu\mu},$$

$$\nu, \mu = 1, \ldots, M - 1.$$

Interessiert man sich nur für die Näherungslösung u_h in den Punkten $x = \nu h$, $y = \mu h$, so genügt es, die $a_{\nu\mu}$ zu bestimmen, denn es gilt

$$u_h(x_\nu, y_\mu) = a_{\nu\mu}$$

nach Konstruktion der Basisfunktionen $\varphi_{\nu\mu}$.

2.1.5. *Präzisierung der Grundzüge der Methode*

V sei der Funktionenraum $\mathbf{H}_0^1(\Omega)$, $\mathbf{H}^1(\Omega)$ oder ein Raum zwischen diesen beiden Räumen, $a(u, v)$ eine auf V definierte Bilinearform, $f(v)$ eine Linearform.

Satz 2.1 (Lax, Milgram): *Für a und f mögen Konstanten $\alpha > 0$, β, F existieren mit*

$$a(v, v) \geqq \alpha \|v\|^2 \quad \textit{für alle} \quad v \in V \quad (\text{„}a \textit{ ist positiv“}) \tag{2.6}$$

$$|a(u, v)| \leqq \beta \|u\| \|v\| \quad \textit{für alle} \quad u, v \in V \quad (\text{„}a \textit{ ist stetig“}) \tag{2.7}$$

$$|f(v)| \leqq F \|v\| \quad \textit{für alle} \quad v \in V \quad (\text{„}f \textit{ ist stetig“}). \tag{2.8}$$

Dann existiert ein eindeutig bestimmtes $u \in V$ mit

$$a(u, v) = f(v) \quad \textit{für alle} \quad v \in V.$$

Dem mit Grundbegriffen der Funktionalanalysis vertrauten Leser dürfte klar sein, daß V eigentlich ein beliebiger Hilbert-Raum sein kann.

Dieser Satz sichert nicht nur die Lösbarkeit des stetigen Problems. Aus ihm folgt auch die Lösbarkeit des diskreten Problems (2.2) für die bisher betrachteten *konformen Methoden*; sie sind dadurch gekennzeichnet, daß V_h *Teilraum von* V ist (nichtkonforme Methoden untersuchen wir in Kap. 7). Die Koeffizientenmatrix A_h des Gleichungssystems (2.3) ist nämlich positiv definit. Dies folgt aus

$$\sum_{i,j=1}^{N} a(w_i, w_j)\, \lambda_i \lambda_j = a\left(\sum_{i=1}^{N} \lambda_i w_i, \sum_{j=1}^{N} \lambda_j w_j\right) \geqq \alpha \left\|\sum_{i=1}^{N} \lambda_i w_i\right\|^2.$$

Ferner ergibt sich aus

$$\alpha \,\|u_h\|^2 \leqq a(u_h, u_h) = f(u_h) \leqq F \,\|u_h\|$$

die Abschätzung

$$\|u_h\| \leqq \frac{F}{\alpha}.$$

Unter den Voraussetzungen des Satzes von Lax und Milgram besitzen das stetige und das diskrete Problem also eine eindeutige Lösung. Das dem diskreten Problem entsprechende Gleichungssystem besitzt eine positiv definite Koeffizientenmatrix, die zudem symmetrisch ist, wenn die Bilinearform symmetrisch ist. Die Lösung des diskreten Problems ist gleichmäßig beschränkt.

Hier zeigt sich ein bemerkenswerter Vorzug der Methode der finiten Elemente: Eigenschaften des stetigen Problems übertragen sich automatisch auf das diskrete Problem!

Wir betrachten an einem Beispiel das Problem der Erfüllung der Bedingungen des Satzes von Lax und Milgram. Untersucht wird die Neumannsche Randwertaufgabe

$$-\Delta u + cu = g \qquad (c > 0, \text{ Konstante})$$

$$\left.\frac{\partial u}{\partial n}\right|_{\Gamma} = 0.$$

Die zugeordnete Variationsgleichung ist (vgl. Abschnitt 1.2)

$$a(u, v) = f(v) \quad \text{für alle} \quad v \in \mathbf{H}^1,$$

wobei

$$a(u, v) = \int_{\Omega} \left(\frac{\partial u}{\partial x}\frac{\partial v}{\partial x} + \frac{\partial u}{\partial y}\frac{\partial v}{\partial y} + cuv\right) \mathrm{d}\Omega,$$

$$f(v) = \int_{\Omega} gv \,\mathrm{d}\Omega.$$

Wie schon in Kapitel 1 bemerkt, spielt die Randbedingung scheinbar keine Rolle, sie geht in den Raum $V = \mathbf{H}^1$ nicht ein, ist eine natürliche Bedingung.

Ist $g \in \mathbf{L}^2$, so gilt nach der Ungleichung von Schwarz (2.4)

$$|f(v)| = \left|\int\limits_\Omega gv \,\mathrm{d}\Omega\right| \leqq \sqrt{\int\limits_\Omega g^2 \,\mathrm{d}\Omega} \sqrt{\int\limits_\Omega v^2 \,\mathrm{d}\Omega}\,.$$

Setzt man $F = \sqrt{\int\limits_\Omega g^2 \,\mathrm{d}\Omega}$, so ist also

$$|f(v)| \leqq F \sqrt{\int\limits_\Omega v^2 \,\mathrm{d}\Omega}\,.$$

Die Norm von v im $\mathbf{H}^1$ ist aber größer als $\sqrt{\int\limits_\Omega v^2 \,\mathrm{d}\Omega}$, also gilt erst recht

$$|f(v)| \leqq F \,\|v\|_1\,,$$

damit ist die Bedingung (2.8) erfüllt. Die Ungleichung von Schwarz liefert auch

$$|a(u,v)|^2 \leqq \int\limits_\Omega \left(\frac{\partial u}{\partial x}\right)^2 \mathrm{d}\Omega \int\limits_\Omega \left(\frac{\partial v}{\partial x}\right)^2 \mathrm{d}\Omega + \int\limits_\Omega \left(\frac{\partial u}{\partial y}\right)^2 \mathrm{d}\Omega \int\limits_\Omega \left(\frac{\partial v}{\partial y}\right)^2 \mathrm{d}\Omega$$
$$+ c \int\limits_\Omega u^2 \,\mathrm{d}\Omega \int\limits_\Omega v^2 \,\mathrm{d}\Omega\,.$$

Die Hinzunahme nichtnegativer Terme auf der rechten Seite ergibt

$$|a(u,v)|^2 \leqq \int\limits_\Omega \left[\left(\frac{\partial u}{\partial x}\right)^2 + \left(\frac{\partial u}{\partial y}\right)^2 + \sqrt{c}\, u^2\right] \mathrm{d}\Omega$$
$$\times \int\limits_\Omega \left[\left(\frac{\partial v}{\partial x}\right)^2 + \left(\frac{\partial v}{\partial y}\right)^2 + \sqrt{c}\, v^2\right] \mathrm{d}\Omega\,.$$

Damit gilt die Bedingung (2.7)

$$|a(u,v)| \leqq \beta \,\|u\|_1 \,\|v\|_1$$

mit $\beta = \max\left\{1, \sqrt{c}\right\}$. Für $a(v, v)$ erhalten wir

$$a(v, v) = \int_\Omega \left[\left(\frac{\partial v}{\partial x}\right)^2 + \left(\frac{\partial v}{\partial y}\right)^2 + cv^2\right] \mathrm{d}\Omega$$

$$\geqq \min\{1, c\} \int_\Omega \left[\left(\frac{\partial v}{\partial x}\right)^2 + \left(\frac{\partial v}{\partial y}\right)^2 + v^2\right] \mathrm{d}\Omega = \min\{1, c\} \|v\|_1^2,$$

also ist Bedingung (2.6) erfüllt mit $\alpha = \min\{1, c\}$. Es ist tatsächlich so, daß die Bedingung $c > 0$ notwendig ist, für $c = 0$ ist nämlich die Bedingung (2.6) (α muß positiv sein) nicht erfüllt.

Wir geben nun weitere Beispiele an, wo die Voraussetzungen des Satzes erfüllt sind, ohne dies im einzelnen nachzuprüfen.

- $$-\Delta u = g, \qquad u|_\Gamma = 0; \qquad V = \mathbf{H}_0^1;$$

  $$a(u, v) = \int_\Omega \left(\frac{\partial u}{\partial x}\frac{\partial v}{\partial x} + \frac{\partial u}{\partial y}\frac{\partial v}{\partial y}\right) \mathrm{d}\Omega,$$

  $$f(v) = \int_\Omega gv \, \mathrm{d}\Omega.$$

- $$-\Delta u = g, \qquad \frac{\partial u}{\partial n} + \sigma u|_\Gamma = h; \qquad V = \mathbf{H}^1; \quad \sigma > 0;$$

  $$a(u, v) = \int_\Omega \left(\frac{\partial u}{\partial x}\frac{\partial v}{\partial x} + \frac{\partial u}{\partial y}\frac{\partial v}{\partial y}\right) \mathrm{d}\Omega + \int_\Gamma \sigma uv \, \mathrm{d}\Gamma,$$

  $$f(v) = \int_\Omega gv \, \mathrm{d}\Omega + \int_\Gamma hv \, \mathrm{d}\Gamma.$$

- $$-\Delta u = g, \quad u|_{\Gamma_1} = 0, \quad \left.\frac{\partial u}{\partial n}\right|_{\Gamma_2} = h_2, \quad \frac{\partial u}{\partial n} + \sigma u|_{\Gamma_3} = h_3;$$

  $$V = \{v \in \mathbf{H}^1 \quad \text{für} \quad v|_{\Gamma_1} = 0\}; \quad \sigma > 0;$$

  $$a(u, v) = \int_\Omega \left(\frac{\partial u}{\partial x}\frac{\partial v}{\partial x} + \frac{\partial u}{\partial y}\frac{\partial v}{\partial y}\right) \mathrm{d}\Omega + \int_{\Gamma_3} \sigma uv \, \mathrm{d}\Gamma,$$

  $$f(v) = \int_\Omega gv \, \mathrm{d}\Omega + \int_{\Gamma_3} h_3 v \, \mathrm{d}\Gamma + \int_{\Gamma_2} h_2 v \, \mathrm{d}\Gamma.$$

(Voraussetzung: Das Maß von $\Gamma_1 \cup \Gamma_3$ sei positiv, insbesondere bestehe also $\Gamma_1 \cup \Gamma_3$ nicht nur aus einzelnen Punkten).

- $$-\frac{\partial}{\partial x}\left(a_{11}\frac{\partial u}{\partial x} + a_{21}\frac{\partial u}{\partial y}\right) - \frac{\partial}{\partial y}\left(a_{12}\frac{\partial u}{\partial x} + a_{22}\frac{\partial u}{\partial y}\right) + cu = g,$$
  $$u|_\Gamma = 0; \qquad V = \mathbf{H}_0^1;$$
  $$a(u, v) = \int_\Omega \left[\left(a_{11}\frac{\partial u}{\partial x} + a_{21}\frac{\partial u}{\partial y}\right)\frac{\partial v}{\partial x} + \left(a_{12}\frac{\partial u}{\partial x} + a_{22}\frac{\partial u}{\partial y}\right)\frac{\partial v}{\partial y} + cuv\right] \mathrm{d}\Omega,$$
  $$f(v) = \int_\Omega gv \,\mathrm{d}\Omega.$$

(Voraussetzungen: $a_{11}a_{22} > \left(\frac{a_{12} + a_{21}}{2}\right)^2$, $c \geqq 0$)

- $$-\Delta u + b_1\frac{\partial u}{\partial x} + b_2\frac{\partial u}{\partial y} + cu = g,$$
  $$u|_\Gamma = 0; \qquad V = \mathbf{H}_0^1;$$
  $$a(u, v) = \int_\Omega \left(\frac{\partial u}{\partial x}\frac{\partial v}{\partial x} + \frac{\partial u}{\partial y}\frac{\partial v}{\partial y} + b_1\frac{\partial u}{\partial x}v + b_2\frac{\partial u}{\partial y}v + cuv\right) \mathrm{d}\Omega,$$
  $$f(v) = \int_\Omega gv \,\mathrm{d}\Omega.$$

(Voraussetzung: $c \geqq -\frac{1}{2}\left(\frac{\partial b_1}{\partial x} + \frac{\partial b_2}{\partial y}\right)$.

- $$-\frac{\partial}{\partial x}\left(a_{11}\frac{\partial u}{\partial x} + a_{21}\frac{\partial u}{\partial y}\right) - \frac{\partial}{\partial y}\left(a_{12}\frac{\partial u}{\partial x} + a_{22}\frac{\partial u}{\partial y}\right) + cu = g,$$
  $$u|_{\Gamma_1} = 0, \qquad a_{11}\frac{\partial u}{\partial x}n_1 + a_{12}\frac{\partial u}{\partial x}n_2 + a_{21}\frac{\partial u}{\partial y}n_1 + a_{22}\frac{\partial u}{\partial y}n_2\Big|_{\Gamma_2} = h,$$

($n = \begin{pmatrix} n_1 \\ n_2 \end{pmatrix}$ ist der äußere Normaleneinheitsvektor von Γ);

$$V = \{v \in \mathbf{H}^1 \quad \text{für} \quad v|_{\Gamma_1} = 0\};$$

$$a(u, v) = \int\limits_{\Omega} \left[\left(a_{11} \frac{\partial u}{\partial x} + a_{21} \frac{\partial u}{\partial y}\right) \frac{\partial v}{\partial x} \right.$$

$$\left. + \left(a_{12} \frac{\partial u}{\partial x} + a_{22} \frac{\partial u}{\partial y}\right) \frac{\partial v}{\partial y} + cuv\right] \mathrm{d}\Omega,$$

$$f(v) = \int\limits_{\Omega} gv \,\mathrm{d}\Omega + \int\limits_{\Gamma_2} hv \,\mathrm{d}\Gamma.$$

(Voraussetzungen: $a_{11}a_{22} > \left(\frac{a_{12} + a_{21}}{2}\right)^2$, $c \geqq 0$, Γ_1 habe positives Maß).

- die Gleichungen der linearen Elastizitätstheorie.

Im zweidimensionalen Fall ist der Vektor $u = (u_1, u_2)$ der Verschiebungen gesucht mit

$$-\mu\Delta u - (\lambda + \mu) \operatorname{grad} \operatorname{div} u = g \quad \text{in } \Omega,$$

$$u = 0 \quad \text{auf } \Gamma_0,$$

$$\sum_{j=1}^{3} \sigma_{ij}(u) \, \nu_j = h_i \quad \text{auf } \Gamma_1, \qquad (i = 1, 2),$$

($\lambda, \mu > 0$ Lamé-Koeffizienten);

auf Γ_0 ist die Verschiebung vorgegeben, auf Γ_1 Oberflächenkräfte je Flächeneinheit. Man wählt

$$V = \{v_1, v_2 \quad \text{mit} \quad v_1 \in \mathbf{H}^1, v_2 \in \mathbf{H}^1, v_1|_{\Gamma_0} = 0, v_2|_{\Gamma_0} = 0\}$$

und

$$a(u, v) = \int\limits_{\Omega} \left[\lambda \operatorname{div} u \operatorname{div} v + 2\mu \sum_{i,j=2}^{2} \varepsilon_{ij}(u) \, \varepsilon_{ij}(v)\right] \mathrm{d}\Omega,$$

$$f(v) = \int\limits_{\Omega} \sum_{i=1}^{2} g_i v_i \,\mathrm{d}\Omega + \int\limits_{\Gamma_1} \sum_{i=1}^{2} h_i v_i \,\mathrm{d}\Gamma$$

mit

$$\varepsilon_{11}(v) = \frac{\partial v_1}{\partial x}, \qquad \varepsilon_{22}(v) = \frac{\partial v_2}{\partial y},$$

$$\varepsilon_{12}(v) = \frac{1}{2}\left(\frac{\partial v_1}{\partial y} + \frac{\partial v_2}{\partial x}\right) = \varepsilon_{21}(v).$$

Die Voraussetzungen des Satzes von Lax/Milgram sind erfüllt, wenn Γ_0 positives Maß besitzt.

- die Bewegungsgleichungen einer Flüssigkeit bei Vernachlässigung der Trägheitsglieder.

Im zweidimensionalen Fall sucht man einen Vektor $u = (u_1, u_2)$ (die Geschwindigkeit) und einen Skalar p (Druck) mit

$$-\nu\Delta u + \operatorname{grad} p = g \quad \text{in } \Omega,$$

$$\operatorname{div} u = 0 \quad \text{in } \Omega$$

und Randbedingungen für u auf Γ; im einfachsten Fall

$$u|_\Gamma = 0.$$

Wählt man

$$V = \left\{v_1, v_2 \quad \text{mit} \quad v_1 \in \mathbf{H}_0^1, v_2 \in \mathbf{H}_0^1, \frac{\partial v_1}{\partial x} + \frac{\partial v_2}{\partial y} = 0\right\},$$

so ist eine mögliche neue Formulierung

$$a(u, v) = f(v)$$

mit

$$a(u,v) = \nu \int_\Omega \left(\frac{\partial u_1}{\partial x}\frac{\partial v_1}{\partial x} + \frac{\partial u_1}{\partial y}\frac{\partial v_1}{\partial y} + \frac{\partial u_2}{\partial x}\frac{\partial v_2}{\partial x} + \frac{\partial u_2}{\partial y}\frac{\partial v_2}{\partial y}\right) \mathrm{d}\Omega,$$

$$f(v) = \int_\Omega (g_1 v_1 + g_2 v_2)\, \mathrm{d}\Omega.$$

In dieser Formulierung berechnet man zunächst allein die Geschwindigkeit.

Bisher wurden stets homogene Dirichletsche Randbedingungen betrachtet. Sei nun $u|_{\Gamma_1} = g_1$. Oft findet man ein u_0 mit $u_0|_{\Gamma_1} = g_1$.

Setzt man dann

$$\bar{u} = u - u_0,$$

so genügt $\bar{u}$ einem Problem mit $\bar{u}|_{\Gamma_1} = 0$. Die Variationsgleichung

$$a(u, v) = f(v)$$

geht über in

$$a(\bar{u} + u_0, v) = f(v),$$

also in

$$a(\bar{u}, v) = f(v) - a(u_0, v).$$

Wir untersuchen nun genauer die Frage, wie man den Raum V_h (*den Raum der finiten Elemente*) konstruiert. Dazu gehen wir aus von einer *zulässigen Zerlegung des Gebietes*, d. h. einer Zerlegung mit den schon eingeführten Eigenschaften (Z 1), (Z 2), (Z 3):

(Z 1) $\bar{\Omega} = \bigcup_{i=1}^{M} K_i$.

(Z 2) Der Rand von K_i gehört zu K_i und das Innere von K_i sei ein zulässiges Gebiet.

(Z 3) K_i und K_j $(i \neq j)$ haben höchstens Randpunkte gemeinsam.

Im zweidimensionalen Fall sind die K_i i. allg. Dreiecke oder Rechtecke. Es ist klar, daß man nur polygonal berandete Gebiete dann entsprechend zerlegen kann. Mit der Frage der Behandlung allgemeinerer Gebiete beschäftigen wir uns in Kap. 5. Wir fordern für eine zulässige Zerlegung in Dreiecke oder Rechtecke weiter

(Z 4) Die Menge der gemeinsamen Punkte zweier Elemente K_i, K_j der Zerlegung besteht aus einem Eckpunkt von K_i und K_j oder einer Seite $b_l b_m$ der Dreiecke (bzw. Vierecke) K_i und K_j, wobei b_l und b_m Eckpunkte von K_i und K_j sind.

Ausgeschlossen werden damit Zerlegungen von in Abb. 7 dargestelltem Typ. Manchmal werden auch schon allein die K_i als finite Elemente bezeichnet. Wir bezeichnen K_i als *Element der Zerlegung* und lassen auch manchmal den Index i weg, wenn gemeint ist, daß die dann aufgeführte Eigenschaft für alle Elemente der Zerlegung gelten soll.

Hat man eine Funktion $v_h \in V_h$ gegeben, so ist diese Funktion auf jedem Element K definiert. Wir bezeichnen mit P_K die Menge aller so auf K definierten Funktionen, wenn man für die v_h nacheinander alle Funktionen aus V_h wählt. Bei der praktischen Berechnung erfolgt die Konstruktion von V_h nun genau in der umgekehrten Richtung: Man gibt sich auf den Elementen K der

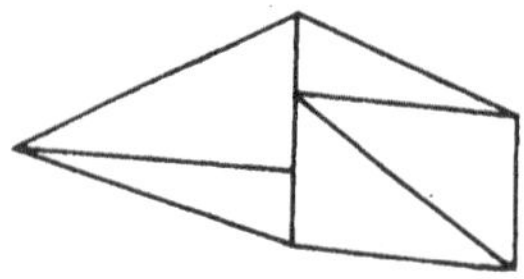

Abb. 7

Zerlegung gewisse Funktionenräume P_K vor und definiert so V_h. Dabei ist zu beachten, daß einmal die Funktionen aus P_K einfach sein müssen, zum anderen muß gesichert sein, daß V_h in V liegt. Oft wählt man für die P_K Räume von Polynomen. Unter Berücksichtigung von Lemma 2.1 hat man dann nur noch zu gewährleisten, daß die Polynome auf den einzelnen Elementen so zusammenpassen, daß insgesamt eine stetige Funktion entsteht. *K heißt zusammen mit dem auf dem Element definierten Raum P_K finites Element.*

Bei der Wahl des Raumes der finiten Elemente V_h sind folgende zwei Schritte erforderlich:

1. Zulässige Zerlegung des Gebietes in Drei- oder Vierecke K_i.
2. Auf jedem Element K_i wird eine Menge von Polynomen P_{K_i} so gewählt, daß im Ausgangsgebiet eine Menge stetiger Funktionen definiert wird.

Im nächsten Abschnitt geben wir konkrete Räume finiter Elemente an. Es zeigt sich, daß bei dieser Konstruktion von V_h Basisfunktionen w_i derart existieren, daß die w_i die bei der Beschreibung der Grundzüge der Methode aufgezeigten Eigenschaften besitzen.

2.1.6. Beispiele von finiten Elementen

a) Dreieckelemente

Wir nehmen an, ein polygonal berandetes Gebiet sei zulässig durch Dreiecke zerlegt. Ein Dreieck K der Zerlegung habe die Eckpunkte b_1, b_2, b_3, es sei also etwa $b_1 = (x_1, y_1)$. Ein Polynom ersten Grades in x und y

$$p = d_0 + d_1 x + d_2 y$$

ist eindeutig durch Vorgabe seiner Werte $p(b_1), p(b_2), p(b_3)$ in den Punkten b_1, b_2, b_3 bestimmt. Das Gleichungssystem

$$\begin{bmatrix} 1 & x_1 & y_1 \\ 1 & x_2 & y_2 \\ 1 & x_3 & y_3 \end{bmatrix} \begin{bmatrix} d_0 \\ d_1 \\ d_2 \end{bmatrix} = \begin{bmatrix} p(b_1) \\ p(b_2) \\ p(b_3) \end{bmatrix}$$

besitzt nämlich eine eindeutige Lösung, weil der Betrag der Determinante der Koeffizientenmatrix gleich dem zweifachen Flächeninhalt von K ist. Die $p(b_i)$ heißen *Freiheitsgrade des finiten Elements.*

Wir legen nun fest: P_K ist die Menge aller Polynome ersten Grades $P_1(K)$ auf K mit den Freiheitsgraden $p(b_i)$. K heißt dann auch *Courantsches Dreieck.* Ein Element v_h des Raumes V_h ist jetzt bestimmt durch:

(i) v_h ist auf jedem Dreieck K ein Polynom ersten Grades;

(ii) v_h sei eindeutig bestimmt durch die Vorgabe von Werten in allen Ecken der Dreiecke der Zerlegung.

Die Menge aller Eckpunkte der Dreiecke der Zerlegung sei $\{b_i\}$, $i = 1, \ldots, N$. Die Menge aller $p(b_i)$ heißt *Menge der Freiheitsgrade von v_h*. Es ist noch zu begründen, daß v_h stetig ist. K_1 und K_2

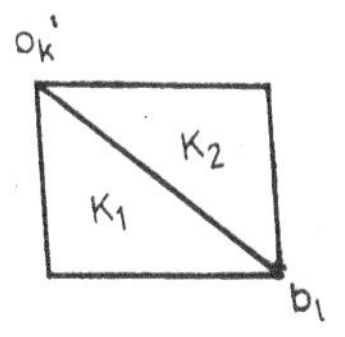

Abb. 8

mögen zwei aneinandergrenzende Dreiecke sein. Auf $b_k b_l$ ist v_h ein Polynom ersten Grades in einer Variablen (eine der Variablen kann man mit Hilfe der Gleichung der Geraden durch b_k und b_l eliminieren). Solch ein Polynom ist durch Vorgabe der Werte in b_k und b_l eindeutig bestimmt, d. h., man kommt zu demselben Polynom ersten Grades in einer Variablen unabhängig davon, ob man K_1 oder K_2 betrachtet. Also ist v_h stetig. In dem so definierten Raum der finiten Elemente V_h sind die Funktionen w_k mit

$$w_k(b_l) = \begin{cases} 1, & k = l, \\ 0, & k \neq l, \end{cases} \quad (k, l = 1, \ldots, N)$$

Basisfunktionen. In jedem Element, welches die Ecke b_k nicht enthält, ist die Basisfunktion w_k identisch Null. Damit haben die Basisfunktionen tatsächlich die bei der Beschreibung der Grundzüge der Methode aufgezeigten Eigenschaften.

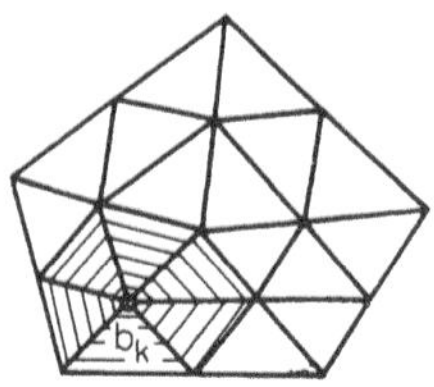

Abb. 9

Unser eben konstruierter Raum finiter Elemente ist Teilraum des $\mathbf{H}^1$, er wäre also geeignet zur Behandlung von Differentialgleichungen zweiter Ordnung mit Neumannschen Randbedingungen. Beim Vorliegen von Dirichletschen Randbedingungen benötigt man einen Teilraum des $\mathbf{H}_0^1$. Zur Konstruktion eines entsprechenden Raumes finiter Elemente muß man nur die obige Vorgehensweise ein wenig modifizieren. Man fordert lediglich zusätzlich

$$v_h(b_i) = 0,$$

wenn b_i eine Ecke auf dem Rand ist.

Die Eckpunkte im Innern seien $b_1, \ldots, b_{N^*}$, die auf dem Rand $b_{N^*+1}, \ldots, b_N$. Basisfunktionen w_k sind dann gekennzeichnet durch

$$w_k(b_l) = \begin{cases} 1, & k = l, \\ 0, & k \neq l, \end{cases} \quad (l, k = 1, \ldots, N^*).$$

Ähnlich geht man vor, wenn auf einem Teil des Randes Dirichlet-Bedingungen vorliegen.

Zur Beschreibung weiterer finiter Elemente ist es zweckmäßig, *Dreieckskoordinaten* zu benutzen. Dreieckskoordinaten sind auf ein festes Dreieck K mit den Ecken b_1, b_2, b_3 bezogene Koordinaten $L_1(z), L_2(z), L_3(z)$. Für gegebenes z mit $z = (x, y)$ sind L_1, L_2, L_3 die Lösungen des Gleichungssystems

$$\begin{bmatrix} x_1 & x_2 & x_3 \\ y_1 & y_2 & y_3 \\ 1 & 1 & 1 \end{bmatrix} \begin{bmatrix} L_1 \\ L_2 \\ L_3 \end{bmatrix} = \begin{bmatrix} x \\ y \\ 1 \end{bmatrix}$$

(b_i habe wieder die Koordinaten (x_i, y_i)). Die Eckpunkte b_1, b_2, b_3 haben folglich die Dreieckskoordinaten (1, 0, 0), (0, 1, 0) und (0, 0, 1). Nach der Cramerschen Regel ist

$$L_1(z) = L_1(x, y) = \frac{\begin{vmatrix} x & x_2 & x_3 \\ y & y_2 & y_3 \\ 1 & 1 & 1 \end{vmatrix}}{\begin{vmatrix} x_1 & x_2 & x_3 \\ y_1 & y_2 & y_3 \\ 1 & 1 & 1 \end{vmatrix}}.$$

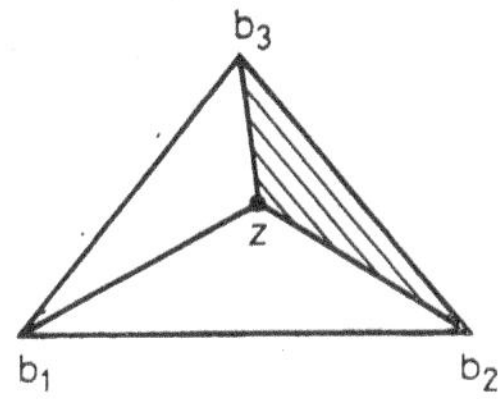

Abb. 10

$L_1(x, y)$ ist also eine lineare Funktion in x und y, und es gilt

$$L_1 = \frac{\text{Fläche des Dreiecks } zb_2b_3}{\text{Fläche des Dreiecks } b_1b_2b_3};$$

analog

$$L_2 = \frac{\text{Fläche des Dreiecks } b_1zb_3}{\text{Fläche des Dreiecks } b_1b_2b_3},$$

$$L_3 = \frac{\text{Fläche des Dreiecks } b_1b_2z}{\text{Fläche des Dreiecks } b_1b_2b_3}.$$

Zum Beispiel aus dieser geometrischen Interpretation folgt sofort: Jeder Punkt auf der Geraden durch b_2 und b_3 hat die Koordinate $L_1 = 0$, für den Schwerpunkt des Dreiecks gilt $L_1 = L_2 = L_3 = \frac{1}{3}$.

Mit Hilfe von Dreieckskoordinaten kann man jetzt das Polynom ersten Grades in x und y mit vorgegebenem $p(b_i)$ schreiben als

$$p = \sum_{i=1}^{3} p(b_i)\, L_i ,$$

denn L_i ist ja Polynom ersten Grades und $L_i(b_j) = \delta_{ij}$, wobei δ_{ij} das Kronecker-Symbol bezeichnet. Die Polynome $L_1(z)$, $L_2(z)$, $L_3(z)$ sind Basisfunktionen im $P_1(K)$; die Basisfunktionen in P_K heißen auch *Formfunktionen.* Die eben konstruierten finiten Elemente heißen *Dreieckelemente vom Typ 1* (oder auch *Courant-Dreiecke*). Der Nachteil von Dreieckskoordinaten (drei Koordinaten im zweidimensionalen Fall) fällt gegenüber den Vorteilen nicht ins Gewicht. Die Dreieckskoordinaten sind symmetrisch und transformationsunabhängig.

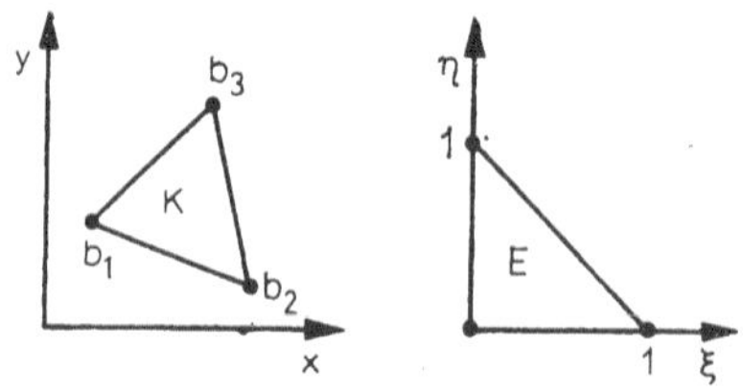

Abb. 11

Setzt man etwa $L_1 = \xi$, $L_2 = \eta$, dann ist $L_3 = 1 - \xi - \eta$ und man hat gleichzeitig auf das *Einheitsdreieck* E (s. Abb. 11) transformiert.

Wir kommen nun zu *Dreieckelementen vom Typ 2.* Die Mittelpunkte der Seiten eines Dreiecks mit den Ecken b_1, b_2, b_3 seien

$$b_{ij} = \frac{1}{2}\,(b_i + b_j).$$

P_K sei nun die Menge aller Polynome zweiten Grades $P_2(K)$ auf K mit den sechs Freiheitsgraden $p(b_i)$, $p(b_{ij})$ (s. Abb. 12). Die Gleichung der Geraden durch b_2, b_3 ist $L_1 = 0$, die Gleichung der Geraden durch b_{13} und b_{12} ist $L_1 - \frac{1}{2} = 0$. Deswegen ist

$L_1\left(L_1 - \frac{1}{2}\right)$ ein Polynom zweiten Grades mit der Eigenschaft, daß $L_1\left(L_1 - \frac{1}{2}\right)$ in b_2, b_3, b_{23}, b_{13} und b_{23} verschwindet, also ist $L_1(2L_1 - 1)$ eine Formfunktion. Ähnlich verschwindet L_1L_2 in

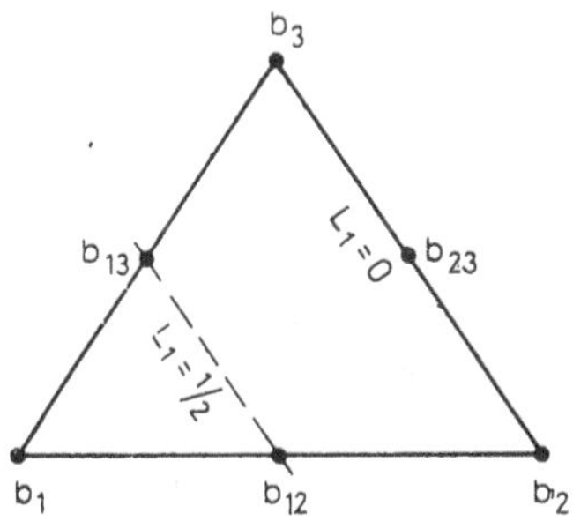

Abb. 12

b_2, b_3, b_{23}, b_1, b_{13}, also ist wegen $L_1(b_{12}) = L_2(b_{12}) = \frac{1}{2}$ das Polynom $4L_1L_2$ eine Formfunktion. Die sechs Formfunktionen sind insgesamt

$$p_i = L_i(2L_i - 1), \qquad i = 1, 2, 3,$$

$$p_{ij} = 4L_iL_j, \qquad i, j = 1, 2, 3, \qquad i < j.$$

Man kann ähnlich wie für Elemente vom Typ 1 zeigen, daß jede Funktion $v_h \in V$ des so definierten Raumes finiter Elemente stetig ist. Die Überlegungen in bezug auf Basisfunktionen in V_h sind auch völlig analog, ebenso ist es mit der Berücksichtigung von Dirichletschen Randbedingungen. Wir verzichten auf eine Wiederholung dieser Ausführungen und geben im folgenden auch stets nur noch die Definition von P_K und die entsprechenden Formfunktionen an.

Dreieckelemente vom Typ 3 sind gekennzeichnet durch $P_K = P_3(K)$, also durch die Verwendung von Polynomen dritten Grades. Die 10 Freiheitsgrade sind $p(b_i)$, $p(b_{iij})$ $(i \neq j)$ und $p(b_{123})$. Dabei ist

$$b_{iij} = \frac{2}{3}\, b_i + \frac{1}{3}\, b_j, \qquad (i \neq j),$$

und

$$b_{123} = \frac{1}{3}(b_1 + b_2 + b_3)$$

ist der Schwerpunkt des Dreiecks (s. Abb. 13). Ähnlich wie oben kommt man zu den 10 Formfunktionen

$$p_i = \frac{1}{2} L_i(3L_i - 1)(3L_i - 2), \qquad i = 1, 2, 3,$$

$$p_{iij} = \frac{9}{2} L_i L_j(3L_i - 1), \qquad i, j = 1, 2, 3, \qquad (i \neq j),$$

$$p_{123} = 27 L_1 L_2 L_3 .$$

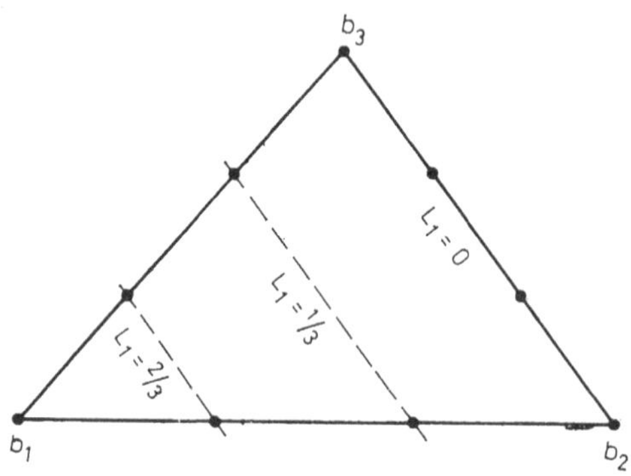

Abb. 13

Man kann theoretisch den Grad der verwendeten Polynome noch weiter erhöhen. Praktisch ist das aber nicht von Bedeutung. Das liegt daran, daß mit wachsendem Grad der verwendeten Polynome die Basisfunktionen in V_h die bei der Formulierung der Grundzüge der Methode dargelegte Bedingung (G 1) immer weniger gut erfüllen. Die w_i haben zwar die Eigenschaft, nur in einem kleinen Teil Ω_i von Ω (bei Zerlegung in entsprechend viele Elemente) von Null verschieden zu sein, die Menge aller i und j, für die Ω_i und Ω_j keinen Punkt gemeinsam haben, nimmt aber bei festem N mit Erhöhung des Polynomgrades ab.

Wir geben noch Beispiele von Räumen finiter Elemente an, wo P_K nicht aus allen Polynomen von einem bestimmten Grad besteht. Wir definieren auf dem Element K Formfunktionen durch

$$p_i = L_i(2L_i - 1), \qquad i = 1, 2, 3,$$

$$p_{ij} = 4L_iL_j, \qquad i, j = 1, 2, 3, \qquad i < j,$$

$$p_{123} = 27L_1L_2L_3;$$

die 7 Freiheitsgrade sind $p(b_i)$, $p(b_{ij})$ $(i < j)$ und $p(b_{123})$. Den entsprechenden Raum finiter Elemente bezeichnen wir als Raum von *Elementen vom Typ 2**.

Schließlich als letztes Beispiel *Elemente vom Typ 3'*. P_K bestehe aus allen Polynomen dritten Grades mit der Eigenschaft

$$12p(b_{ijk}) = -2 \sum_{l=i,j,k} p(b_l) + 3 \sum_{\substack{l,m=i,j,k \\ l \neq m}} p(b_{llm}), \quad (i < j < k).$$

Die 9 Freiheitsgrade sind $p(b_i)$, $p(b_{iij})$ $(i \neq j)$, die entsprechenden 9 Formfunktionen

$$p_i = \frac{1}{2} L_i(3L_i - 1)(3L_i - 2) - \frac{9}{2} L_1L_2L_3, \quad (i = 1, 2, 3)$$

$$p_{iij} = \frac{9}{2} L_iL_j(3L_i - 1) + \frac{27}{4} L_1L_2L_3, \qquad (i \neq j).$$

Man kann zeigen, daß jedes Polynom zweiten Grades in P_K liegt (vgl. Tab. 1).

b) Rechteckelemente

Wir nehmen an, ein polygonal berandetes Gebiet sei zulässig zerlegt mit Hilfe von achsenparallelen Rechtecken. Ein Rechteck K sei gekennzeichnet durch

$$x_1 \leqq x \leqq x_2, \qquad y_1 \leqq y \leqq y_2$$

und habe die Eckpunkte b_i $(i = 1, \ldots, 4)$.

Rechteckelemente vom Typ 1 sind gekennzeichnet durch $P_K = Q_1$, dabei ist Q_1 der Raum aller der in jeder der beiden Variablen x und y linearen Polynome über K. Das Polynom xy gehört also zum Beispiel zu Q_1, das Polynom $x^2 + y^2$ nicht. Die Freiheitsgrade sind die Werte in den Eckpunkten (s. Abb. 14). Die Form-

Tabelle 1

Übersicht über Dreieckelemente

Typ	Freiheits-grade	P_K	Formfunktionen	An-zahl
1		P_1	L_i	3
2	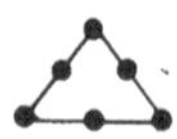	P_2	$L_i(2L_i - 1)$ $4L_iL_j \quad (i < j)$	6
2*	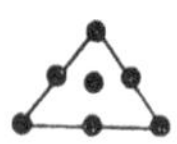	$P_2 \subset P_K \subset P_3$	$L_i(2L_i - 1)$ $4L_iL_j$ $27L_1L_2L_3$	7
3′	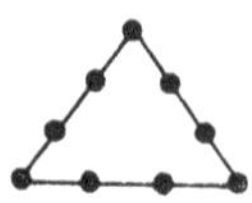	$P_2 \subset P_K \subset P_3$	$\frac{1}{2} L_i(3L_i - 1)(3L_i - 2)$ $- \frac{9}{2} L_1L_2L_3$ $\frac{9}{2} L_iL_j(3L_i - 1)$ $+ \frac{27}{4} L_1L_2L_3$ $(i \neq j)$	9
3	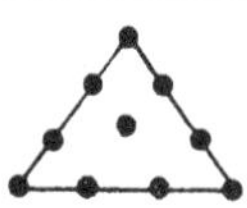	P_3	$\frac{1}{2} L_i(3L_i - 1)(3L_i - 2)$ $\frac{9}{2} L_iL_j(3L_i - 1), \quad (i \neq j)$ $27L_1L_2L_3$	10

funktionen sind

$$p_1 = \frac{x - x_2}{x_1 - x_2} \frac{y - y_2}{y_1 - y_2}, \quad p_2 = \frac{x - x_1}{x_2 - x_1} \frac{y - y_2}{y_1 - y_2},$$

$$p_3 = \frac{x - x_1}{x_2 - x_1} \frac{y - y_1}{y_2 - y_1}, \quad p_4 = \frac{x - x_2}{x_1 - x_2} \frac{y - y_1}{y_2 - y_1}.$$

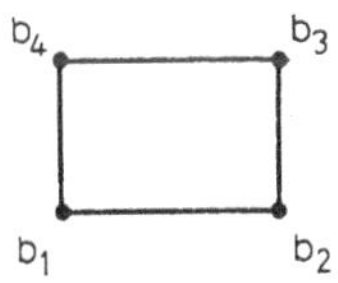

Abb. 14

Rechteckelemente vom Typ 2 sind gekennzeichnet durch $P_K = Q_2$ (das sind Polynome, quadratisch in jeder einzelnen Variablen) und durch die Freiheitsgrade $p(b_i), p(b_{ij}), p(b_{1234})$ (s. Abb. 15).

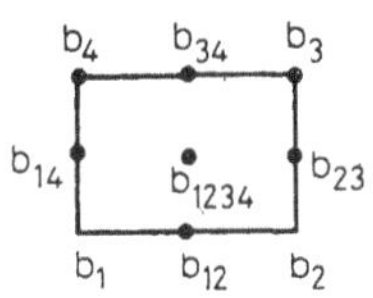

Abb. 15

Formfunktionen sind die 9 möglichen Produkte aus den Polynomen 2. Grades

$$\frac{x - \frac{x_1 + x_2}{2}}{x_1 - \frac{x_1 + x_2}{2}} \frac{x - x_2}{x_1 - x_2}, \quad \frac{x - x_1}{\frac{x_1 + x_2}{2} - x_1} \frac{x - x_2}{\frac{x_1 + x_2}{2} - x_2},$$

$$\frac{x - \frac{x_1 + x_2}{2}}{x_2 - \frac{x_1 + x_2}{2}} \frac{x - x_1}{x_2 - x_1}$$

und den Polynomen zweiten Grades

$$\frac{y - \frac{y_1 + y_2}{2}}{y_1 - \frac{y_1 + y_2}{2}} \frac{y - y_2}{y_1 - y_2}, \quad \frac{y - y_1}{\frac{y_1 + y_2}{2} - y_1} \frac{y - y_2}{\frac{y_1 + y_2}{2} - y_2},$$

$$\frac{y - \frac{y_1 + y_2}{2}}{y_2 - \frac{y_1 + y_2}{2}} \frac{y - y_1}{y_2 - y_1}.$$

Ähnlich kann man Rechteckelemente vom Typ 3, Typ 4 usw. definieren.

Rechteckelemente vom Typ 2' sind in Q_2 enthaltene Polynome mit

$$4p(b_{1234}) = -\sum_{i=1}^{4} p(b_i) + 2 \sum_{i=1}^{4} p(b_{i,i+1});$$

ihre 8 Freiheitsgrade sind also nur noch die $p(b_i)$ und die $p(b_{i,i+1})$. Die 8 Formfunktionen werden folgendermaßen bestimmt. Es seien p_1, p_2, p_3, p_4 die vier Formfunktionen des Elementes vom Typ 2, die den b_i entsprechen, p_5, p_6, p_7, p_8 die den $b_{i,i+1}$ entsprechenden Formfunktionen und p_9 die zu b_{1234} gehörende. Es sei nun

$$p_i^* = p_i + \gamma_1 p_9, \qquad i = 1, \ldots, 4,$$

$$p_i^* = p_i + \gamma_2 p_9, \qquad i = 5, \ldots, 8.$$

Die p_i^* besitzen die Eigenschaften von Formfunktionen, genügen aber der obigen Bedingung noch nicht. Aus

$$4\gamma_1 = -1, \qquad 4\gamma_2 = 2$$

ergibt sich $\gamma_1 = -\frac{1}{4}$, $\gamma_2 = \frac{1}{2}$; mit diesen Werten sind die p_i^* Formfunktionen in dem definierten Raum. Die oben definierte Bedingung ist wieder gerade so gewählt, daß jedes Polynom zweiten Grades in x und y sie erfüllt.

Man kann ähnlich Elemente vom Typ 3' definieren. Man nennt die in den Übersichten (vgl. Tab. 1 und 2) aufgelisteten Dreieck-

Tabelle 2
Übersicht über Rechteckelemente

Typ	Freiheitsgrade	P_K	Formfunktionen $-1 \leqq x \leqq 1,\ -1 \leqq y \leqq 1$	Anzahl
1		Q_1	$\frac{1-x}{2}\frac{y+1}{2},\ \frac{x+1}{2}\frac{y+1}{2},\ \frac{1-x}{2}\frac{1-y}{2},\ \frac{x+1}{2}\frac{1-y}{2}$	4
2	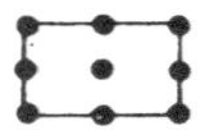	$\dot{Q}_2$	$\frac{x(x-1)}{2}\frac{y(y+1)}{2},\ \frac{x(x-1)}{2}(y+1)(1-y),\ \frac{x(x-1)}{2}\frac{y(y-1)}{2},$ $(x+1)(1-x)\frac{y(y+1)}{2},\ (x+1)(1-x)(y+1)(1-y),$ $(x+1)(1-x)\frac{y(y-1)}{2},\ \frac{x(x+1)}{2}\frac{y(y+1)}{2},$ $\frac{x(x+1)}{2}(y+1)(1-y),\ \frac{x(x+1)}{2}\frac{y(y-1)}{2}.$	9
2′	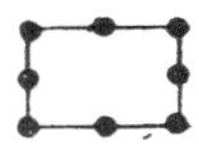	$P_2 \subset P_K \subset Q_2$	$\frac{1}{4}x(x-1)y(y+1)-\frac{1}{4}p_9,\ \frac{1}{2}x(x-1)(y+1)(1-y)+\frac{1}{2}p_9,$ $\frac{1}{4}x(x-1)y(y-1)-\frac{1}{4}p_9,\ \frac{1}{2}(x+1)(1-x)y(y+1)+\frac{1}{2}p_9,$ $\frac{1}{2}(x+1)(1-x)y(y-1)+\frac{1}{2}p_9,\ \frac{1}{4}x(x+1)y(y+1)-\frac{1}{4}p_9,$ $\frac{1}{2}x(x+1)(y+1)(1-y)+\frac{1}{2}p_9,\ \frac{1}{4}x(x+1)y(y-1)-\frac{1}{4}p_9,$ $p_9=(x+1)(1-x)(y+1)(1-y).$	8

und Rechteckelemente auch *Elemente vom Lagrange-Typ*, weil die Freiheitsgrade nur Werte der Funktion selber (und nicht ihrer Ableitungen) sind. Elemente von diesem Typ sind zunächst für Randwertprobleme zweiter Ordnung geeignet. Im Abschnitt 8 wird gezeigt, wie man sie auch für Probleme vierter Ordnung einsetzen kann.

Nicht schwierig ist es, die vorgestellten Beispiele auf den dreidimensionalen Fall zu übertragen (Tetraederelemente, Quaderelemente).

2.2. *Der Aufbau des Gleichungssystems*

2.2.1. *Elementmatrizen*

Die Koeffizientenmatrix $A_h = [a_{ij}]_{i,j=1,\ldots,N}$ des diskreten Problems ist gekennzeichnet durch $a_{ij} = a(w_j, w_i)$, dabei sind die w_k die globalen Basisfunktionen. Oft ist $a(w_j, w_i)$ ein Integral über Ω (in einigen Fällen kommen noch Randintegrale hinzu, vgl. 2.1). Wir gehen aus von einer Zerlegung $\bar{\Omega} = \bigcup\limits_{i=1}^{M} K_i$ mit den Eigenschaften (Z 1—4), $a_\mu(w_i, w_j)$ sei die Einschränkung des $a(w_i, w_j)$ definierenden Integrals auf K_μ. Es sei

$$a_{ij}^\mu = a_\mu(w_j, w_i) \quad \text{und} \quad A_h^\mu = [a_{ij}^\mu].$$

Dann gilt

$$A_h = \sum_{\mu=1}^{M} A_h^\mu.$$

Die Matrix A_h^μ heißt *Elementmatrix*. Da die Basisfunktionen nur auf wenigen K_ν von Null verschieden sind, gilt $a_{ij}^\mu \neq 0$ nur für einige i und j. Deshalb bezeichnet man die durch Streichen der Nullzeilen und Nullspalten entstehende Matrix ebenfalls als Elementmatrix.

Der entscheidende Vorteil ist, daß man zur Berechnung der Matrizen A_h^μ nicht die globalen Basisfunktionen benötigt, sondern nur die lokalen Basisfunktionen bzw. Formfunktionen.

Sei beispielsweise

$$a(w_i, w_j) = \int\limits_{\Omega} c(x, y) \left[\frac{\partial w_i}{\partial x} \frac{\partial w_j}{\partial x} + \frac{\partial w_i}{\partial y} \frac{\partial w_j}{\partial y}\right] \mathrm{d}\Omega.$$

Man kann nun natürlich i. allg. nicht bei gegebener Zerlegung von Ω und gegebenen Formfunktionen wegen $c(x, y)$ den Wert von $a(w_i, w_j)$ exakt bestimmen.

Im Kap. 5 gehen wir darauf ein, mit welchen Formeln der näherungsweisen Integration man zweckmäßig arbeitet. Jetzt behandeln wir speziell das Problem der Berechnung der Elementmatrizen für den Fall

$$a(w_i, w_j) = \int_\Omega \left(\frac{\partial w_i}{\partial x} \frac{\partial w_j}{\partial x} + \frac{\partial w_i}{\partial y} \frac{\partial w_j}{\partial y} \right) \mathrm{d}\Omega .$$

Dieser Fall ist praktisch wichtig, da er der Diskretisierung des Laplace-Operators Δ entspricht. Andere Bilinearformen behandelt man auf ähnliche Art und Weise.

2.2.2. *Die Elementmatrix für eine spezielle Bilinearform und Dreieckelemente vom Typ 1*

Wir betrachten ein Dreieck K_μ der Zerlegung des Polygons Ω und stehen vor der Aufgabe, a_{lm}^μ zu berechnen mit

$$a_{lm}^\mu = \int_{K_\mu} \left(\frac{\partial w_l}{\partial x} \frac{\partial w_m}{\partial x} + \frac{\partial w_l}{\partial y} \frac{\partial w_m}{\partial y} \right) \mathrm{d}K_\mu$$

$$= \int_{K_\mu} \left[\frac{\partial w_l}{\partial x}, \frac{\partial w_l}{\partial y} \right] \cdot \begin{bmatrix} \dfrac{\partial w_m}{\partial x} \\ \dfrac{\partial w_m}{\partial y} \end{bmatrix} \mathrm{d}K_\mu .$$

Das Dreieck K_μ habe die Ecken b_i, b_j, b_k. Da a_{lm}^μ nur dann von Null verschieden ist, wenn l und m Werte aus der Menge $\{i, j, k\}$ annehmen, besitzt die Elementmatrix A_h^μ die Form

$$\begin{array}{c} \\ \\ i \rightarrow \\ j \rightarrow \\ \\ k \rightarrow \\ \\ \end{array} \begin{array}{c} \begin{array}{ccccccccc} & & i & j & & & k & & \\ & & \downarrow & \downarrow & & & \downarrow & & \end{array} \\ \begin{bmatrix} 0 & \cdots & \cdots & \cdots & \cdots & \cdots & \cdots & \cdots & 0 \\ \cdot & \cdots & a_{ii}^\mu & a_{ij}^\mu & \cdots & \cdots & a_{ik}^\mu & \cdots & \cdot \\ \cdot & \cdots & a_{ji}^\mu & a_{jj}^\mu & \cdots & \cdots & a_{jk}^\mu & \cdots & \cdot \\ \cdot & \cdots & \cdots & \cdots & \cdots & \cdots & \cdots & \cdots & \cdot \\ \cdot & \cdots & a_{ki}^\mu & a_{kj}^\mu & \cdots & \cdots & a_{kk}^\mu & \cdots & \cdot \\ 0 & \cdots & \cdots & \cdots & \cdots & \cdots & \cdots & \cdots & 0 \end{bmatrix} . \end{array}$$

Vereinbarungsgemäß nennen wir auch

$$\tilde{A}_h^\mu = \begin{bmatrix} a_{ii}^\mu & a_{ij}^\mu & a_{ik}^\mu \\ a_{ji}^\mu & a_{jj}^\mu & a_{jk}^\mu \\ a_{kj}^\mu & a_{kj}^\mu & a_{kk}^\mu \end{bmatrix}$$

Elementmatrix.

Zur Berechnung von Elementmatrizen ist es günstig, die auftretenden Integrale auf Integrale über *Einheitselementen* oder *Bezugselementen* zu transformieren (Abb. 16)

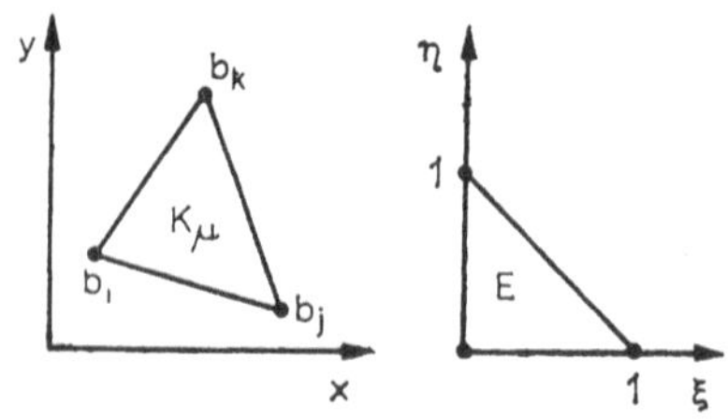

Abb. 16

b_m habe die Koordinaten (x_m, y_m), b_i werde abgebildet in (0, 0), b_j in (1, 0) und b_k in (0, 1). Dann gilt für die entsprechende lineare Abbildung

$$\begin{bmatrix} x \\ y \end{bmatrix} = \begin{bmatrix} x_i \\ y_i \end{bmatrix} + \begin{bmatrix} x_j - x_i & x_k - x_i \\ y_j - y_i & y_k - y_i \end{bmatrix} \begin{bmatrix} \xi \\ \eta \end{bmatrix}$$

bzw. mit der Abkürzung $z_{lm} = z_l - z_m$

$$\begin{bmatrix} x \\ y \end{bmatrix} = \begin{bmatrix} x_i \\ y_i \end{bmatrix} + \begin{bmatrix} x_{ji} & x_{ki} \\ y_{ji} & y_{ki} \end{bmatrix} \begin{bmatrix} \xi \\ \eta \end{bmatrix}.$$

Zur Berechnung des a_{lm}^μ definierenden Integrals benötigen wir nun die Funktionaldeterminante der Abbildung und müssen die Ableitungen nach x und y durch solche nach ξ und η ersetzen. Zunächst gilt für die Funktionaldeterminante

$$D_\mu = \begin{vmatrix} \dfrac{\partial x}{\partial \xi} & \dfrac{\partial x}{\partial \eta} \\ \dfrac{\partial y}{\partial \xi} & \dfrac{\partial y}{\partial \eta} \end{vmatrix} = \begin{vmatrix} x_{ji} & x_{ki} \\ y_{ji} & y_{ki} \end{vmatrix} = 2\,|K_\mu|;$$

der Betrag der Funktionaldeterminante ist also eine Konstante und gleich dem Doppelten des Inhaltes $|K_\mu|$ des Dreiecks K_μ. Weiter ist

$$\frac{\partial}{\partial x} = \begin{bmatrix} \frac{\partial \xi}{\partial x} & \frac{\partial \eta}{\partial x} \end{bmatrix} \begin{bmatrix} \frac{\partial}{\partial \xi} \\ \frac{\partial}{\partial \eta} \end{bmatrix}, \quad \frac{\partial}{\partial y} = \begin{bmatrix} \frac{\partial \xi}{\partial y} & \frac{\partial \eta}{\partial y} \end{bmatrix} \begin{bmatrix} \frac{\partial}{\partial \xi} \\ \frac{\partial}{\partial \eta} \end{bmatrix}.$$

Aus

$$\begin{bmatrix} 1 \\ 0 \end{bmatrix} = \begin{bmatrix} x_{ji} & x_{ki} \\ y_{ji} & y_{ki} \end{bmatrix} \begin{bmatrix} \frac{\partial \xi}{\partial x} \\ \frac{\partial \eta}{\partial x} \end{bmatrix}$$

folgt

$$\frac{\partial \xi}{\partial x} = \frac{y_{ki}}{2\,|K_\mu|}, \quad \frac{\partial \eta}{\partial x} = \frac{y_{ij}}{2\,|K_\mu|}$$

und analog

$$\frac{\partial \xi}{\partial y} = \frac{x_{ik}}{2\,|K_\mu|}, \quad \frac{\partial \eta}{\partial y} = \frac{x_{ji}}{2\,|K_\mu|}.$$

Insgesamt gilt also

$$\begin{bmatrix} \frac{\partial}{\partial x} \\ \frac{\partial}{\partial y} \end{bmatrix} = \frac{1}{2\,|K_\mu|} \begin{bmatrix} y_{ki} & y_{ij} \\ x_{ik} & x_{ji} \end{bmatrix} \begin{bmatrix} \frac{\partial}{\partial \xi} \\ \frac{\partial}{\partial \eta} \end{bmatrix}.$$

Die Transformationsformel für Flächenintegrale liefert

$$a_{lm}^{\mu} = \frac{1}{2\,|K_\mu|} \int\limits_E \begin{bmatrix} y_{ki} & y_{ij} \\ x_{ik} & x_{ji} \end{bmatrix} \begin{bmatrix} \frac{\partial w_l}{\partial \xi} \\ \frac{\partial w_l}{\partial \eta} \end{bmatrix} \cdot \begin{bmatrix} y_{ki} & y_{ij} \\ x_{ik} & x_{ji} \end{bmatrix} \begin{bmatrix} \frac{\partial w_m}{\partial \xi} \\ \frac{\partial w_m}{\partial \eta} \end{bmatrix} \mathrm{d}E$$

bzw.

$$a_{lm}^{\mu} = \frac{1}{2\,|K_\mu|} \int\limits_E \begin{bmatrix} \frac{\partial w_l}{\partial \xi} & \frac{\partial w_l}{\partial \eta} \end{bmatrix} \begin{bmatrix} y_{ki} & x_{ik} \\ y_{ij} & x_{ji} \end{bmatrix} \begin{bmatrix} y_{ki} & y_{ij} \\ x_{ik} & x_{ji} \end{bmatrix} \begin{bmatrix} \frac{\partial w_m}{\partial \xi} \\ \frac{\partial w_m}{\partial \eta} \end{bmatrix} \mathrm{d}E.$$

Der Integrand ist von ξ und η unabhängig, $\int\limits_E \mathrm{d}E = \frac{1}{2}$. Die Formfunktionen auf E sind

$$\begin{aligned} w_i(\xi, \eta) &= L_i = 1 - \xi - \eta, \\ w_j(\xi, \eta) &= L_j = \xi, \\ w_k(\xi, \eta) &= L_k = \eta. \end{aligned}$$

Damit gilt für die Elementmatrix

$$\tilde{A}_h^\mu = \frac{1}{4\,|K_\mu|} \begin{bmatrix} -1 & -1 \\ 1 & 0 \\ 0 & 1 \end{bmatrix} \begin{bmatrix} y_{ki} & x_{ik} \\ y_{ij} & x_{ji} \end{bmatrix} \begin{bmatrix} y_{ki} & y_{ij} \\ x_{ik} & x_{ji} \end{bmatrix} \begin{bmatrix} -1 & 1 & 0 \\ -1 & 0 & 1 \end{bmatrix}$$

bzw.

$$\tilde{A}_h^\mu = \frac{1}{4\,|K_\mu|} E_\mu E_\mu^\top$$

mit

$$E_\mu = \begin{bmatrix} y_{jk} & x_{kj} \\ y_{ki} & x_{ik} \\ y_{ij} & x_{ji} \end{bmatrix}.$$

Wir betrachten nun einmal ganz speziell die Zerlegung eines Dreiecks gemäß Abbildung 17 und stellen die Aufgabe, das bei Anwendung der FEM (mit Dreieckelementen vom Typ 1 bei der vorgegebenen Numerierung der Knoten) auf die Aufgabe

$$-\Delta u = g \quad \text{in } \Omega, \qquad u = 0 \quad \text{auf } \Gamma$$

entstehende Gleichungssystem bzw. dessen Koeffizientenmatrix aufzubauen.

Wählen wir zunächst einmal das durch die Knoten 1, 2, 4 bestimmte Element K_{12}. Sei $i = 2$, $j = 4$, $k = 1$. Alle Elemente besitzen den Flächeninhalt $\frac{1}{50}$. Es gilt

$$E_{12} = \begin{bmatrix} \frac{1}{5} & -\frac{1}{5} \\ 0 & \frac{1}{5} \\ -\frac{1}{5} & 0 \end{bmatrix}, \quad E_{12}E_{12}^\top = \frac{1}{25} \begin{bmatrix} 2 & -1 & -1 \\ -1 & 1 & 0 \\ -1 & 0 & 1 \end{bmatrix},$$

also

$$\tilde{A}_h^{12} = \begin{bmatrix} 1 & -\frac{1}{2} & -\frac{1}{2} \\ -\frac{1}{2} & \frac{1}{2} & 0 \\ -\frac{1}{2} & 0 & \frac{1}{2} \end{bmatrix}.$$

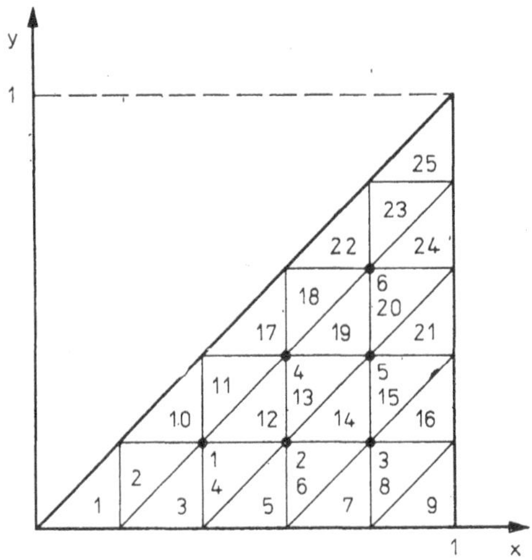

Abb. 17

Demnach besitzt der Beitrag von K_{12} zur Gesamtmatrix die in Tabelle 3 angegebene Form.
Analog behandelt man K_{13}, K_{14}, K_{19}. Man erhält in unserem Beispiel stets die gleichen Matrizen, die nur an der richtigen Stelle in die Gesamtmatrix eingeordnet werden müssen.
Die Berechnung der Elementmatrizen für Randelemente erfolgt ähnlich. Man läßt lediglich die den Randknoten (in Abb. 17 nicht numeriert) entsprechenden Zeilen und Spalten nach der Berechnung weg. Beispielsweise gilt

$$\tilde{A}_h^2 = \left[\frac{1}{2}\right];$$

in der Gesamtmatrix liefert dies an der Stelle (1, 1) den Beitrag $\frac{1}{2}$; ferner ist

$$\tilde{A}_h^4 = \begin{bmatrix} 1 & -\frac{1}{2} \\ -\frac{1}{2} & \frac{1}{2} \end{bmatrix};$$

diese Matrix wird in der linken oberen Ecke der Gesamtmatrix eingefügt. Insgesamt ergeben die 25 Elemente die in Tabelle 4 angegebenen Beiträge zur Gesamtmatrix.

Tabelle 3

Beitrag zur Gesamtmatrix

	1	2	3	4	5	6
1	$\frac{1}{2}$	$-\frac{1}{2}$	•	0	•	•
2	$-\frac{1}{2}$	1	•	$-\frac{1}{2}$	•	•
3	•	•	•	•	•	•
4	0	$-\frac{1}{2}$	•	$\frac{1}{2}$	•	•
5	•	•	•	•	•	•
6	•	•	•	•	•	•

Summation ergibt schließlich für die Gesamtmatrix

$$A_h = \begin{bmatrix} 4 & -1 & 0 & 0 & 0 & 0 \\ -1 & 4 & -1 & -1 & 0 & 0 \\ 0 & -1 & 4 & 0 & -1 & 0 \\ 0 & -1 & 0 & 4 & -1 & 0 \\ 0 & 0 & -1 & -1 & 4 & -1 \\ 0 & 0 & 0 & 0 & -1 & 4 \end{bmatrix}.$$

Tabelle 4
Beitrag zur Gesamtmatrix

	1	2	3	4	5	6
1	$\frac{1}{2}(2)$ $1(10)$ $\frac{1}{2}(3)$ $\frac{1}{2}(11)$ $1(4)$ $\frac{1}{2}(12)$	$-\frac{1}{2}(4)$ $-\frac{1}{2}(12)$				
2	$-\frac{1}{2}(4)$ $-\frac{1}{2}(12)$	$\frac{1}{2}(4)$ $1(12)$ $\frac{1}{2}(5)$ $\frac{1}{2}(13)$ $1(6)$ $\frac{1}{2}(14)$	$-\frac{1}{2}(6)$ $-\frac{1}{2}(14)$	$-\frac{1}{2}(12)$ $-\frac{1}{2}(13)$		
3		$-\frac{1}{2}(6)$ $-\frac{1}{2}(14)$	$\frac{1}{2}(6)$ $1(14)$ $\frac{1}{2}(7)$ $\frac{1}{2}(15)$ $1(8)$ $\frac{1}{2}(16)$		$-\frac{1}{2}(14)$ $-\frac{1}{2}(15)$	

Tabelle 4 (Fortsetzung)

	1	2	3	4	5	6
4		$-\frac{1}{2}(12)$ $-\frac{1}{2}(13)$		$\frac{1}{2}(11)$ $1(17)$ $\frac{1}{2}(12)$ $\frac{1}{2}(18)$ $1(13)$ $\frac{1}{2}(19)$	$-\frac{1}{2}(13)$ $-\frac{1}{2}(19)$	
5			$-\frac{1}{2}(14)$ $-\frac{1}{2}(15)$	$-\frac{1}{2}(13)$ $-\frac{1}{2}(19)$	$\frac{1}{2}(13)$ $1(19)$ $\frac{1}{2}(14)$ $\frac{1}{2}(20)$ $1(15)$ $\frac{1}{2}(21)$	$-\frac{1}{2}(19)$ $-\frac{1}{2}(20)$
6					$-\frac{1}{2}(19)$ $-\frac{1}{2}(20)$	$\frac{1}{2}(18)$ $1(22)$ $\frac{1}{2}(19)$ $\frac{1}{2}(23)$ $1(20)$ $\frac{1}{2}(24)$

2.2.3. Die Elementmatrix für Dreieckelemente vom Typ 2

K_μ habe wieder die Ecken b_i, b_j, b_k, die Mittelpunkte der Seiten seien $b_\alpha, b_\beta, b_\gamma$ (s. Abb. 18)

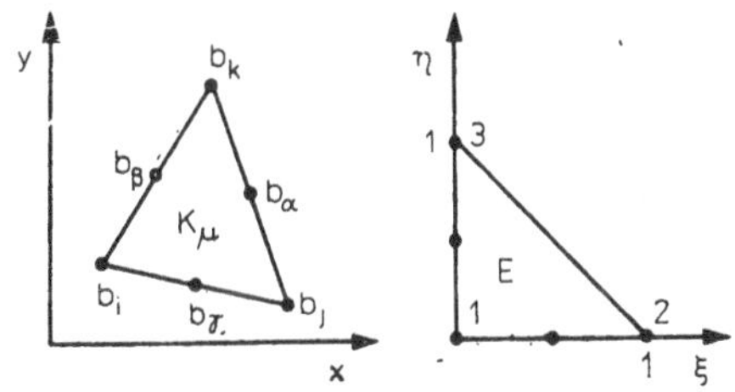

Abb. 18

Wieder wird eine lineare Transformation auf das Einheitsdreieck durchgeführt. Wir gehen aus von

$$w_i = L_1(2L_1 - 1), \qquad w_\alpha = 4L_2L_3,$$

$$w_j = L_2(2L_2 - 1), \qquad w_\beta = 4L_1L_3,$$

$$w_k = L_3(2L_3 - 1), \qquad w_\gamma = 4L_1L_2$$

mit

$$L_1 = 1 - \xi - \eta, \qquad L_2 = \xi, \qquad L_3 = \eta.$$

Daraus folgt

$$\frac{\partial w_i}{\partial \xi} = 4L_1 \frac{\partial L_1}{\partial \xi} - \frac{\partial L_1}{\partial \xi} = -4L_1 + 1, \qquad \frac{\partial w_i}{\partial \eta} = -4L_1 + 1,$$

$$\frac{\partial w_j}{\partial \xi} = 4L_2 \frac{\partial L_2}{\partial \xi} - \frac{\partial L_2}{\partial \xi} = 4L_2 - 1, \qquad \frac{\partial w_j}{\partial \eta} = 0,$$

$$\frac{\partial w_k}{\partial \xi} = 4L_3 \frac{\partial L_3}{\partial \xi} - \frac{\partial L_3}{\partial \xi} = 0, \qquad \frac{\partial w_k}{\partial \eta} = 4L_3 - 1,$$

$$\frac{\partial w_\alpha}{\partial \xi} = 4L_2 \frac{\partial L_3}{\partial \xi} + 4 \frac{\partial L_2}{\partial \xi} L_3 = 4L_3, \qquad \frac{\partial w_\alpha}{\partial \eta} = 4L_2,$$

$$\frac{\partial w_\beta}{\partial \xi} = 4L_1 \frac{\partial L_3}{\partial \xi} + 4 \frac{\partial L_1}{\partial \xi} L_3 = -4L_3, \qquad \frac{\partial w_\beta}{\partial \eta} = 4L_1 - 4L_3,$$

$$\frac{\partial w_\gamma}{\partial \xi} = 4L_1 \frac{\partial L_2}{\partial \xi} + 4L_2 \frac{\partial L_1}{\partial \xi} = 4L_1 - 4L_2, \quad \frac{\partial w_\gamma}{\partial \eta} = -4L_2.$$

Die Elementmatrix $\tilde{A}_h^\mu$ hat jetzt das Format 6×6; es gilt

$$\tilde{A}_h^\mu = \frac{1}{2\,|K_\mu|} \int_E F_1 F_2 F_2^{\mathsf{T}} F_1^{\mathsf{T}} \,\mathrm{d}E \tag{2.10}$$

mit

$$F_2 = \begin{bmatrix} y_{ki} & x_{ik} \\ y_{ij} & x_{ji} \end{bmatrix}$$

und

$$F_1 = \begin{bmatrix} -4L_1 + 1 & -4L_1 + 1 \\ 4L_2 - 1 & 0 \\ 0 & 4L_3 - 1 \\ 4L_3 & 4L_2 \\ -4L_3 & 4L_1 - 4L_3 \\ 4L_1 - 4L_2 & -4L_2 \end{bmatrix}.$$

Unter Benutzung der Formeln

$$\int_E L_i L_j \,\mathrm{d}E = \frac{1}{24}, \quad (i \neq j),$$

$$\int_E L_i^2 \,\mathrm{d}E = \frac{1}{12}, \quad \int_E L_i \,\mathrm{d}E = \frac{1}{6},$$

kann man die Elementmatrix explizit berechnen. Wir tun dies für eine regelmäßige Dreieckszerlegung gemäß Abb. 19:

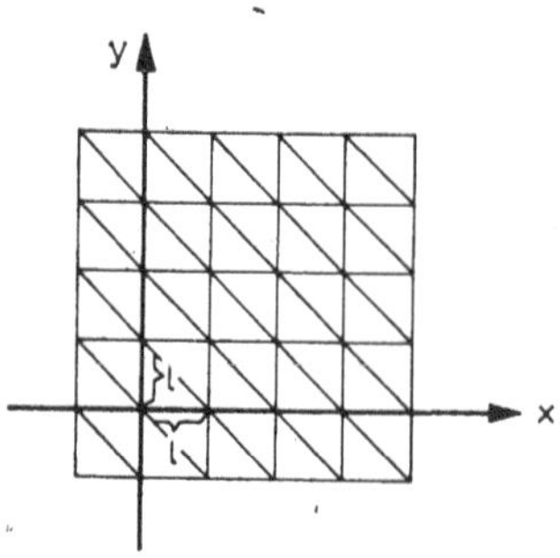

Abb. 19

Dann ergibt sich für jedes Element (der Knoten mit dem zugeordneten Innenwinkel $\pi/2$ sei der Knoten j)

$$\frac{1}{2\,|K_\mu|}\,F_2F_2^{\mathsf{T}} = \begin{bmatrix} 2 & -1 \\ -1 & 1 \end{bmatrix},$$

damit vereinfacht sich (2.10) erheblich. Trotzdem macht es noch etwas Mühe,

$$\int\limits_E F_1 \begin{bmatrix} 2 & -1 \\ -1 & 1 \end{bmatrix} F_1^{\mathsf{T}}\,\mathrm{d}E$$

zu berechnen. Man erhält schließlich für die Elementmatrix

$$\tilde{A}_h^\mu = \begin{array}{c} \begin{array}{cccccc} i & j & k & \alpha & \beta & \gamma \end{array} \\ \begin{bmatrix} \frac{1}{2} & \frac{1}{6} & 0 & 0 & 0 & -\frac{2}{3} \\ & 1 & \frac{1}{6} & -\frac{2}{3} & 0 & -\frac{2}{3} \\ & & \frac{1}{2} & -\frac{2}{3} & 0 & 0 \\ & & & \frac{8}{3} & -\frac{4}{3} & 0 \\ & \text{symmetrisch} & & & \frac{8}{3} & -\frac{4}{3} \\ & & & & & \frac{8}{3} \end{bmatrix} \end{array}.$$

2.2.4. *Die Elementmatrix für Rechteckelemente vom Typ 1 bzw. Parallelogrammelemente vom Typ 1*

Wir betrachten die lineare Abbildung

$$\begin{bmatrix} x \\ y \end{bmatrix} = \frac{1}{2}\begin{bmatrix} x_j + x_l \\ y_j + y_l \end{bmatrix} + \frac{1}{2}\begin{bmatrix} x_{ji} & x_{li} \\ y_{ji} & y_{li} \end{bmatrix}\begin{bmatrix} \xi \\ \eta \end{bmatrix}.$$

Man prüft leicht nach, daß die Punkte b_i, b_j, b_l auf die Punkte $(-1, -1)$, $(1, -1)$, $(-1, 1)$ abgebildet werden. Der Punkt $\xi = 1$,

$\eta = 1$ wird abgebildet in den Punkt, charakterisiert durch

$$\begin{bmatrix} x \\ y \end{bmatrix} = \begin{bmatrix} x_i \\ y_i \end{bmatrix} + \begin{bmatrix} x_j - x_i \\ y_j - y_i \end{bmatrix} + \begin{bmatrix} x_l - x_i \\ y_l - y_i \end{bmatrix}.$$

Dies ist der Punkt b_k, der mit b_i, b_j, b_l ein Parallelogramm (s. Abb. 20) aufspannt.

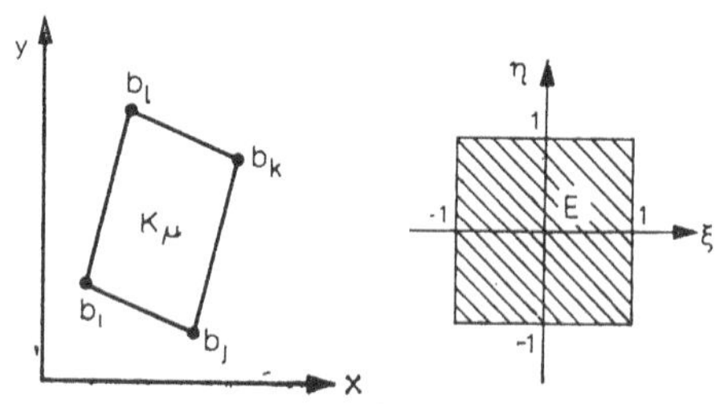

Abb. 20

Die lineare Abbildung bildet dieses Parallelogramm eineindeutig auf das Einheitsquadrat ab. Polynome vom Typ Q_1, also Polynome linear in x und linear in y, werden in Polynome linear in ξ und linear in η abgebildet. Deshalb ist es zweckmäßig, gleich den Fall zu betrachten, daß die Zerlegung von Ω aus Parallelogrammen (und nicht nur aus Rechtecken) besteht.

Die dem Knoten b_m zugeordneten Formfunktionen sind in den neuen Koordinaten

$$w_i = \frac{1-\xi}{2}\,\frac{1-\eta}{2}, \qquad w_j = \frac{1+\xi}{2}\,\frac{1-\eta}{2},$$

$$w_k = \frac{1+\xi}{2}\,\frac{1+\eta}{2}, \qquad w_l = \frac{1-\xi}{2}\,\frac{1+\eta}{2}.$$

Nach Bildung entsprechender partieller Ableitungen erhält man damit analog zu (2.10):

Die Elementmatrix ist eine Matrix vom Format 4×4 mit

$$\tilde{A}_h^\mu = \frac{1}{|K_\mu|} \int_E F_1 F_2 F_2^\top F_1^\top \, dE \tag{2.11}$$

mit

$$F_2 = \begin{bmatrix} y_{li} & x_{il} \\ y_{ij} & x_{ji} \end{bmatrix}$$

und

$$F_1 = \frac{1}{4} \begin{bmatrix} \eta - 1 & \xi - 1 \\ 1 - \eta & -1 - \xi \\ 1 + \eta & 1 + \xi \\ -1 - \eta & 1 - \xi \end{bmatrix}.$$

Wir berechnen die Elementmatrix explizit für eine regelmäßige Rechtecksvernetzung mit achsenparallelen Rechtecken mit den Kantenlängen h_x und h_y. Es gilt dann

$$\frac{1}{|K_\mu|} F_2 F_2^{\mathsf{T}} = \frac{1}{h_x h_y} \begin{bmatrix} h_y^2 & 0 \\ 0 & h_x^2 \end{bmatrix};$$

die weitere Rechnung liefert

$$\tilde{A}_h^\mu = \frac{1}{6 h_x h_y}$$

$$\times \begin{bmatrix} \overset{i}{2h_x^2 + 2h_y^2} & \overset{j}{h_x^2 - 2h_y^2} & \overset{k}{-h_x^2 - h_y^2} & \overset{l}{-2h_x^2 + h_y^2} \\ & 2h_x^2 + 2h_y^2 & -2h_x^2 + h_y^2 & -h_x^2 - h_y^2 \\ \text{symmetrisch} & & 2h_x^2 + 2h_y^2 & h_x^2 - 2h_y^2 \\ & & & 2h_x^2 + 2h_y^2 \end{bmatrix}.$$

2.2.5. *Bemerkungen zur rechentechnischen Realisierung*

Ein wichtiger Schritt bei der Anwendung des Verfahrens der finiten Elemente ist die Erstellung eines Programms auf einer EDVA. Das konkrete Aussehen eines solchen Programms hängt von vielen Faktoren ab, wie z. B. der verwendeten Programmiersprache, der Klasse von zu lösenden Aufgaben u. a. m.

Wir beschränken uns auf die Erläuterung der wesentlichen Schritte der rechentechnischen Realisierung des Aufbaus des Gleichungssystems am Beispiel

$$-\Delta u = g \quad \text{in } \Omega, \qquad u = 0 \quad \text{auf } \Gamma.$$

Ω sei ein zweidimensionales Polygon. Verwendet werden Dreieckelemente vom Typ 1.

1. Schritt: Vernetzung

Zur Charakterisierung der Vernetzung benötigt man einmal die Koordinaten der Knoten und zum anderen die Lage der Knoten und Dreiecke zueinander. Wir numerieren zunächst die inneren Knoten (Anzahl sei N) und dann die Randknoten, die Gesamtzahl der Knoten sei N_1. Zwei Felder X, Y werden benötigt:

Knotennummer	$1 \cdots I \cdots N$	$N + 1 \cdots N_1$
X	$X(I)$	
Y	$Y(I)$	

Für jedes Dreieck seien (M 1, M 2, M 3) die Nummern der zugehörigen Ecken, dabei muß auf eine feste Orientierung geachtet werden. Wir haben damit drei weitere Felder zu berechnen:

Dreiecksnummer	$M1$	$M2$	$M3$
I	$M1(I)$	$M2(I)$	$M3(I)$

Bei regelmäßigen Netzen kann man ganz oder teilweise diese Felder sparen und aus Speicherplatzgründen durch Routinen ersetzen.

2. Schritt: Generierung der Matrix A

Wir setzen zunächst alle Elemente von A_h gleich 0. Für jedes Dreieck $K(L)$ wird folgende Prozedur durchgeführt:

— Bestimmung der drei Knoten $M1(L)$, $M2(L)$, $M3(L)$
— Zu jedem der neun Paare (I, J) der zu $K(L)$ gehörenden Knoten wird das Element $\tilde{A}_h^L(I, J)$ der Elementmatrix gemäß (2.9) berechnet und

$$A(I, J) = A(I, J) + \tilde{A}_h^L(I, J)$$

gesetzt. Randknoten behandelt man wie oben beschrieben.

Bei regelmäßiger Vernetzung nutzt man wieder aus, daß $\tilde{A}_h^L$ ziemlich konstant ist.

3. Schritt: Berechnung der rechten Seite

$R(I)$ sei der Vektor der rechten Seite. Zunächst wird $R(I) = 0$ gesetzt. Nun wird für jedes Dreieck $K(L)$ folgende Prozedur durchgeführt:

— Bestimmung der drei Knoten $M1(L)$, $M2(L)$, $M3(L)$

— Für jeden inneren Knoten I wird ein Integral

$$F(I) = \int_{K(L)} FW(I)\, \mathrm{d}K(L)$$

berechnet und

$$R(I) = R(I) + F(I)$$

gesetzt. Im allgemeinen berechnet man $F(I)$ durch numerische Integration, diese Problematik behandeln wir in Kapitel 5.

Dem Problem der Lösung des Gleichungssystems wenden wir uns im nächsten Abschnitt zu.

Der Hauptspeicherplatzaufwand entsteht durch die Matrix A_h. Deshalb ist auf eine effektive Abspeicherungsform dieser Matrix großer Wert zu legen. Man muß dies allerdings im engen Zusammenhang damit sehen, wie das Gleichungssystem gelöst werden soll (s. Kap. 3).

Zum Sparen von Speicherplatz ist, wie bereits angedeutet, günstig, gewisse Informationen nicht fest abzuspeichern, sondern bei jedem Aufruf wieder neu zu berechnen. So ist z. B. bei einem regelmäßigen Rechteckgitter ohne großen Aufwand möglich, die Knotenkoordinaten stets neu zu berechnen.

Die Reihenfolge der Abarbeitung der Teilschritte hängt ebenfalls eng mit der Art und Weise der Lösung des Gleichungssystems (s. Kap. 3) zusammen, auch andere Reihenfolgen sind möglich.

3. Verfahren zur Lösung von linearen Gleichungssystemen

3.1. *Direkte Verfahren*

3.1.1. *Zum Begriff direkter und iterativer Verfahren*

Bei der Anwendung der Methode der finiten Elemente sind lineare Gleichungssysteme mit sehr vielen Unbekannten zu lösen. Da die Basisfunktionen immer nur in „kleinen“ Teilbereichen von Null verschieden sind, treten in jeder Gleichung von den N Unbekannten nur einige wenige auf. Man sagt, das Gleichungssystem sei *schwach besetzt*, wenn die Anzahl der von Null verschiedenen

Elemente der Koeffizientenmatrix 5% der Anzahl aller Elemente nicht übersteigt. Moderne Verfahren nutzen die schwache Besetztheit und die gegebenenfalls spezielle Struktur der zu lösenden Systeme aus.

Wir ändern gegenüber Abschnitt 2.1 die Bezeichnungen ein wenig, nennen die Unbekannten $x_1, x_2, \ldots, x_N$, die rechten Seiten $b_1, \ldots, b_N$ und die Elemente der Koeffizientenmatrix a_{ij}; betrachten also das Gleichungssystem

$$\sum_{j=1}^{N} a_{ij}x_j = b_i, \qquad i = 1, \ldots, N,$$

bzw.

$$Ax = b$$

mit der Koeffizientenmatrix $A = [a_{ij}]_{i,j=1,\ldots,N}$, der rechten Seite $b = [b_i]$ und dem Lösungsvektor $x = [x_i]$. N heißt auch *Dimension des Gleichungssystems*.

Direkte Verfahren berechnen den Lösungsvektor x in endlich vielen Schritten direkt, *iterative Verfahren* bestimmen den Lösungsvektor x ausgehend von einer Anfangsnäherung x^0 als Grenzwert einer Folge x^k.

Die Wahl eines der im folgenden beschriebenen Lösungsverfahren hängt sowohl von der konkreten Aufgabenstellung ab (z. B. der Dimension und Struktur des Systems) als auch vom verfügbaren Rechner (z. B. von der Kapazität des Hauptspeichers, von der schon vorhandenen Software, von der Zeit für den Datentransfer bei Verwendung von Hilfsspeichern). Ein Vorzug der direkten Verfahren liegt darin, daß der Lösungsvektor bis auf Rundungsfehler direkt berechnet wird. Im Lösungsprozeß werden jedoch oft wesentlich mehr Speicherplätze benötigt als für die Speicherung des Gleichungssystems selbst; man spricht von „Auffüllung" oder dem „fill in". Iterative Verfahren nutzen die schwache Besetztheit voll aus, so daß Gleichungssysteme hoher Dimension ohne Rückgriff auf zusätzliche Speicher gelöst werden können. Man benötigt allerdings für iterative Verfahren Abbruchkriterien, die eine akzeptable Genauigkeit der Näherungslösung sichern. Ein weiterer Nachteil direkter Verfahren ist, daß sich Rundungsfehler stark auswirken können, viele indirekte Verfahren glätten dagegen Rundungsfehler automatisch. Auch deshalb kombiniert man direkte und indirekte Verfahren.

3.1.2. Der Gaußsche Algorithmus

Auf dem Gaußschen Algorithmus basieren alle direkten Verfahren. Seine Grundidee besteht in der schrittweisen Elimination einzelner Unbekannter. Man löst eine Gleichung, z. B. die erste, nach der Unbekannten x_1 auf

$$x_1 = \frac{b_1}{a_{11}} - \sum_{j=2}^{N} \frac{a_{1j}}{a_{11}} x_j$$

und setzt dies in alle übrigen Gleichungen ein. So entsteht ein Gleichungssystem von $N - 1$ Gleichungen mit den $N - 1$ Unbekannten $x_2, \ldots, x_N$. Mit der Abkürzung $l_{i1} = \dfrac{a_{i1}}{a_{11}}$, $i = 2, \ldots, N$, berechnen sich die Elemente $a_{ij}^{(1)}$ der Koeffizientenmatrix und die Elemente $b_i^{(1)}$ der rechten Seite des reduzierten Gleichungssystems

$$\sum_{j=2}^{N} a_{ij}^{(1)} x_j = b_i^{(1)}, \qquad i = 2, \ldots, N,$$

nach den Formeln

$$a_{ij}^{(1)} = a_{ij} - l_{i1} a_{ij}, \qquad b_i^{(1)} = b_i - b_1 l_{i1}$$

für $i, j = 2, \ldots, N$. Setzt man dieses Verfahren fort, so erhält man nach $N - 1$ Schritten eine Gleichung mit der Unbekannten x_N, und zwar

$$a_{NN}^{(N-1)} x_N = b_N^{(N-1)}.$$

Beginnend mit der letzten Gleichung kann man nun nacheinander $x_N, x_{N-1}, \ldots, x_1$ berechnen.

Wir erläutern das Vorgehen am Beispiel des Gleichungssystems

$$Ax = b$$

mit der Koeffizientenmatrix (vgl. Abschnitt 2.2)

$$A = \begin{bmatrix} 4 & -1 & 0 & 0 & 0 & 0 \\ -1 & 4 & -1 & -1 & 0 & 0 \\ 0 & -1 & 4 & 0 & -1 & 0 \\ 0 & -1 & 0 & 4 & -1 & 0 \\ 0 & 0 & -1 & -1 & 4 & -1 \\ 0 & 0 & 0 & 0 & -1 & 4 \end{bmatrix}.$$

Auflösung der ersten Gleichung nach x_1 und Elimination von x_1 ergibt im ersten Schritt das reduzierte System

$$\begin{bmatrix} \frac{15}{4} & -1 & -1 & 0 & 0 \\ -1 & 4 & 0 & -1 & 0 \\ -1 & 0 & 4 & -1 & 0 \\ 0 & -1 & -1 & 4 & -1 \\ 0 & 0 & 0 & -1 & 4 \end{bmatrix} \begin{bmatrix} x_2 \\ x_3 \\ x_4 \\ x_5 \\ x_6 \end{bmatrix} = \begin{bmatrix} b_2^{(1)} \\ b_3^{(1)} \\ b_4^{(1)} \\ b_5^{(1)} \\ b_6^{(1)} \end{bmatrix}.$$

Da die Werte a_{ij}, $i, j \geqq 2$, der Ausgangsmatrix im folgenden nicht mehr benötigt werden, speichert man die Elemente $a_{ij}^{(1)}$ für $i, j \geqq 2$ der reduzierten Koeffizientenmatrix zweckmäßigerweise auf dem Platz der a_{ij} mit $i, j \geqq 2$. Mit dem reduzierten Gleichungssystem fährt man in gleicher Weise fort, eliminiert also x_2 und erhält

$$\begin{bmatrix} \frac{56}{15} & -\frac{4}{15} & -1 & 0 \\ -\frac{4}{15} & \frac{56}{15} & -1 & 0 \\ -1 & -1 & 4 & -1 \\ 0 & 0 & -1 & 4 \end{bmatrix} \begin{bmatrix} x_3 \\ x_4 \\ x_5 \\ x_6 \end{bmatrix} = \begin{bmatrix} b_3^{(2)} \\ b_4^{(2)} \\ b_5^{(2)} \\ b_6^{(2)} \end{bmatrix}.$$

Nach fünf Schritten gelangt man zur Gleichung

$$\frac{330}{89} x_6 = b_6^{(5)},$$

aus der man x_6 ermitteln kann. Zur Bestimmung von x_6 benötigt man $a_{66}^{(5)}$ und $b_6^{(5)}$, zur Bestimmung von x_5 die Größen $a_{55}^{(4)}$, $a_{56}^{(4)}$, $b_5^{(4)}$ und zur Ermittlung der Unbekannten x_1 schließlich die Größen $a_{11}, a_{12}, \ldots, a_{16}, b_1$. Die $a_{ij}^{(k)}$ für $i, j \geqq k + 1$ stehen nach der oben beschriebenen Speicherung oberhalb bzw. in der Diagonalen der Koeffizientenmatrix. Die Speicherplätze unterhalb der Diagonalen können genutzt werden, um Gleichungssysteme mit identischer Koeffizientenmatrix und verschiedenen rechten Seiten schnell lösen zu können. Derartige Aufgaben entstehen z. B. bei der Zurückführung nichtlinearer Probleme auf eine Folge linearer Probleme. Zu diesem Zweck speichert man die Größen l_{ij} für $i > j$ auf den Platz von a_{ij}, $i > j$. Nun können die $b_{k+1}^{(k)}$ aus den b_i und den l_{ij}, $i > j$ nach den Formeln

$$b_i^{(1)} = b_i - b_1 l_{i1}, \qquad i = 2, 3, \ldots, N,$$

$$b_i^{(2)} = b_i^{(1)} - b_2^{(1)} l_{i2}, \qquad i = 3, \ldots, N,$$

usw.

bestimmt werden. Der Lösungsprozeß wird so organisiert, daß zuerst aus den Elementen der Koeffizientenmatrix a_{ij} des zu lösenden Systems nacheinander die Größen $l_{21}, l_{31}, \ldots, l_{N1}, a_{22}^{(1)}, a_{23}^{(1)}, \ldots, a_{2N}^{(1)}, l_{32}, l_{42}, \ldots, l_{N2}, a_{33}^{(2)}, a_{34}^{(2)}, \ldots$ berechnet und an den entsprechenden Platz gespeichert werden. Die oben betrachtete Koeffizientenmatrix nimmt dann die Form an

$$\begin{bmatrix} 4 & -1 & 0 & 0 & 0 & 0 \\ -\frac{1}{4} & \frac{15}{4} & -1 & -1 & 0 & 0 \\ 0 & -\frac{4}{15} & \frac{56}{15} & -\frac{4}{15} & -1 & 0 \\ 0 & -\frac{4}{15} & -\frac{1}{14} & \frac{26}{7} & -\frac{15}{14} & 0 \\ 0 & 0 & -\frac{15}{56} & -\frac{15}{52} & \frac{89}{26} & -1 \\ 0 & 0 & 0 & 0 & -\frac{26}{89} & \frac{330}{89} \end{bmatrix}.$$

Dieser Prozeß heißt auch *Faktorisierung der Matrix A*, denn es gilt

$$A = LU$$

mit der *unteren Dreiecksmatrix* L

$$L = \begin{bmatrix} 1 & 0 & 0 & 0 & 0 & 0 \\ -\frac{1}{4} & 1 & 0 & 0 & 0 & 0 \\ 0 & -\frac{4}{15} & 1 & 0 & 0 & 0 \\ 0 & -\frac{4}{15} & -\frac{1}{14} & 1 & 0 & 0 \\ 0 & 0 & -\frac{15}{56} & -\frac{15}{52} & 1 & 0 \\ 0 & 0 & 0 & 0 & -\frac{26}{89} & 1 \end{bmatrix}$$

und der *oberen Dreiecksmatrix* U

$$U = \begin{bmatrix} 4 & -1 & 0 & 0 & 0 & 0 \\ 0 & \frac{15}{4} & -1 & -1 & 0 & 0 \\ 0 & 0 & \frac{56}{15} & -\frac{4}{15} & -1 & 0 \\ 0 & 0 & 0 & \frac{26}{7} & -\frac{15}{14} & 0 \\ 0 & 0 & 0 & 0 & \frac{89}{26} & -1 \\ 0 & 0 & 0 & 0 & 0 & \frac{330}{89} \end{bmatrix}.$$

Die zur Lösung des Systems benötigten $b_{k+1}^{(k)}$ erhält man als Lösung des Systems

$$Ly = b$$

in der Reihenfolge $y_1 = b_1$, $y_2 = b_2^{(1)}, \ldots, y_N = b_N^{(N-1)}$. Dieser Schritt wird *Vorwärtseinsetzen* genannt. Zum Schluß bestimmt man x als Lösung des Systems

$$Ux = y$$

durch *Rückwärtseinsetzen*, also zunächst x_N, dann x_{N-1} usw. Bei der Lösung eines Gleichungssystems mit identischer Koeffizientenmatrix und r verschiedenen rechten Seiten ist die Faktorisierung von A folglich nur einmal, die Prozesse des Vorwärts- und Rückwärtseinsetzens sind je r-mal durchzuführen. Bei vollbesetzter Koeffizientenmatrix sind für die Faktorisierung $\frac{N}{3}(N^2 - 1)$, für das Vorwärts- und Rückwärtseinsetzen N^2 wesentliche arithmetische Operationen (Multiplikationen, Divisionen), insgesamt also $\frac{1}{3} N(N^2 - 1) + N^2$ Operationen erforderlich.

Der Gaußsche Algorithmus führt immer zum Ziel, wenn die im Laufe der Faktorisierung ermittelten Elemente $a_{11}^{(0)}, a_{22}^{(1)}, \ldots, a_{NN}^{(N-1)}$ von Null verschieden sind. Dies ist nicht für jedes eindeutig auflösbare lineare Gleichungssystem erfüllt. Es gelingt jedoch stets durch Umnumerierung der Gleichungen (Vertauschung der Zeilen in der Matrix A und der rechten Seite b) oder der Unbekannten x_i (Vertauschung der Spalten in der Matrix A) die Forderung $a_{ii}^{(i-1)} \neq 0$ zu erfüllen (rechentechnisch realisiert man dies durch die Arbeit auf einem Indexfeld). Dazu wählt man in der ersten Zeile unter allen Elementen $a_{1j} \neq 0$ ein Element a_{1p} aus, löst die Gleichung nach x_p auf und eliminiert x_p aus den restlichen Gleichungen. Um die numerischen Fehler bei der Auflösung nach x_p gering zu halten, bestimmt man p aus der Forderung

$$|a_{1p}| = \max_j |a_{1j}|.$$

Im nächsten Schritt wird wieder das betragsmäßig größte Element der ersten Gleichung des reduzierten Gleichungssystems für die Unbekannten $x_1, x_2, \ldots, x_{p-1}, x_{p+1}, \ldots, x_N$ bestimmt, und zwar

$$|a_{2q}^{(1)}| = \max_{j \neq p} |a_{2j}^{(1)}|,$$

nach x_q aufgelöst und x_q aus den restlichen Gleichungen eliminiert. Die Elemente $a_{1p}, a_{2q}^{(1)}, \ldots$ heißen *Pivotelemente*, die Strategie der Auswahl *Spaltenpivotisierung*. Entsprechend ist auch eine Zeilenpivotisierung bzw. eine allgemeine Pivotisierung möglich, bei der das betragsmäßig größte Element in einer vorher festgelegten Spalte bzw. in der gesamten Reduktionsmatrix $a_{ij}^{(k)}$ im k-ten Schritt bestimmt wird. Solche Pivotisierungsstrategien sind allerdings nur dann sinnvoll, wenn zuvor die Koeffizienten in allen Gleichungen durch Multiplikation mit geeigneten Zahlen auf die gleiche Größenordnung gebracht worden sind.

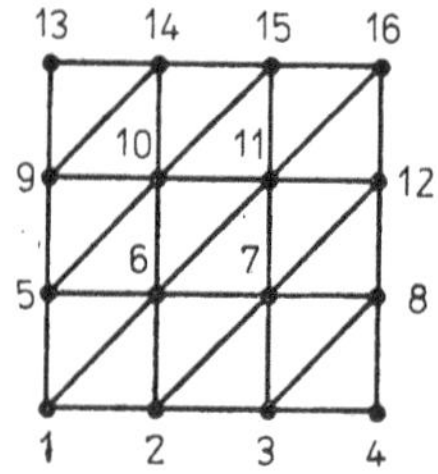

Abb. 21

Bisher wurde die schwache Besetztheit der Matrix A nicht berücksichtigt. Wir untersuchen nun an einem Beispiel, wie sich die Struktur der Matrix bei Spaltenpivotisierung ändert. Betrachtet wird die Diskretisierung eines Differentialausdrucks

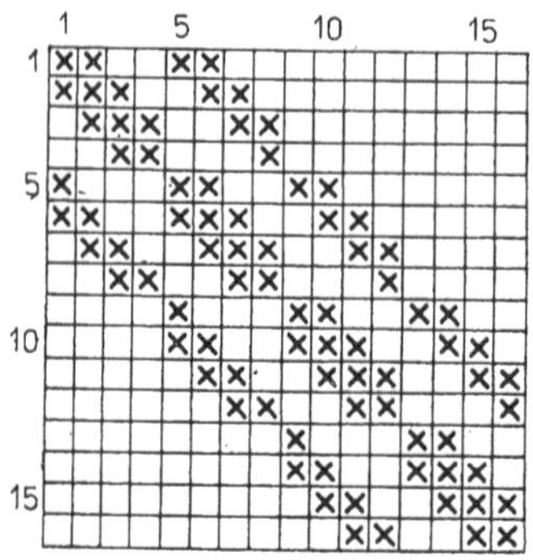

Abb. 22

zweiter Ordnung ohne homogene Randbedingungen in einem rechteckigen Gebiet bei Verwendung von Dreieckelementen vom Typ 1 bei Zerlegung des Gebietes und einer Knotennumerierung gemäß Abb. 21. Die Struktur der Koeffizientenmatrix ist in Abb. 22 angedeutet, die Nichtnullelemente $a_{ij} \neq 0$ wurden durch ein Kreuz gekennzeichnet. Der größte Abstand, den ein Nichtnullelement vom Diagonalelement besitzt, heißt *Bandbreite* m, eine Matrix von diesem Typ heißt *Bandmatrix*. Eine Bandmatrix der Bandbreite m genügt folglich der Beziehung $a_{ij} = 0$ für alle i, j mit $|i - j| > m$. Die in Abbildung 22 skizzierte Matrix besitzt die Bandbreite $m = 5$.

Wird nun a_{11} als Pivotelement gewählt, so sind nach dem ersten Reduktionsschritt die Plätze a_{25} und a_{52} durch Nichtnullelemente belegt. Wählt man dagegen a_{16} als Pivotelement, werden zusätzlich die Plätze $a_{25}, a_{52}, a_{71}, a_{75}, a_{10,1}, a_{10,2}, a_{11,1}, a_{11,2}, a_{11,5}$ belegt. Für jedes neu auftretende Nichtnullelement müssen Speicherplätze bereitgestellt werden. Bei den zu lösenden Systemen hoher Dimension erreicht man sehr schnell die Grenzen der verfügbaren Rechenanlage. Deshalb ist man bei der Wahl des Pivotelements bestrebt, neben kleinen numerischen Fehlern auch geringe Auffüllung durch Nichtnullelemente zu erreichen. Die Anzahl der bei der Wahl eines bestimmten Pivotelements hinzukommenden Nichtnullelemente läßt sich nur mit relativ hohem Aufwand berechnen, sie kann jedoch nach oben durch die sogenannten *Markowitz-Kosten* abgeschätzt werden. Die Markowitz-Kosten für das Pivotelement $a_{ij}^{(k-1)}$ im k-ten Reduktionsschritt berechnen sich aus

$$(c_j - 1)\,(r_i - 1),$$

wobei in der i-ten Zeile r_i und in der j-ten Spalte c_j Nichtnullelemente auftreten. Im obigen Beispiel betragen die Markowitz-Kosten 9 für a_{11} und 18 für a_{16}.

Eine gemischte Pivotisierungsstrategie realisiert nun folgende Schritte:

(1) In der i-ten Eliminationszeile werden Elemente ausgewählt, die einen vertretbaren numerischen Fehler bei der Auflösung aufweisen. Für ein vorgegebenes β zwischen 0 und 1 sind dies alle a_{il} mit

$$|a_{il}| \geqq \beta \max_j |a_{ij}|.$$

(2) Unter allen Elementen a_{il} wird als Pivotelement das mit den kleinsten Markowitz-Kosten gewählt.

Mit dem Parameter β kann man die Auflösung in dieser bzw. jener Richtung beeinflussen. β-Werte nahe bei Eins entsprechen der Spaltenpivotisierung, während β-Werte nahe bei Null hauptsächlich die Markowitz-Kosten als Auswahlkriterium nutzen. Ein Programmpaket mit einer derartigen Pivotisierungsstrategie findet man in [4].

3.1.3. Symmetrische Matrizen. Das Cholesky-Verfahren

Für eine symmetrische Koeffizientenmatrix gilt $a_{ij} = a_{ji}$ und es genügt, nur die Elemente a_{ij} mit $i \geqq j$ abzuspeichern. Ist die Matrix darüber hinaus positiv definit (alle Eigenwerte sind positiv), so ist der Gaußsche Algorithmus mit Pivotelementen in der Hauptdiagonale stets theoretisch durchführbar. Nach jedem Reduktionsschritt entstehen symmetrische Matrizen, dies folgt aus

$$a_{ij}^{(1)} = a_{ij} - \frac{a_{i1}a_{1j}}{a_{11}}.$$

U kann als Produkt einer *Diagonalmatrix* D mit der zu L transponierten Matrix L^{T} dargestellt werden. Damit gilt im Fall symmetrischer, positiv definiter Matrizen

$$A = LDL^{\mathsf{T}}$$

mit

$$L = \begin{bmatrix} 1 & & 0 \\ l_{21} & 1 & \\ \vdots & & \\ l_{N1} \cdots & l_{N,N-1} & 1 \end{bmatrix}, \qquad D = \begin{bmatrix} a_{11} & & 0 \\ & a_{22}^{(1)} & \\ 0 & & a_{NN}^{(N-1)} \end{bmatrix}.$$

Ein Nachteil des Gaußschen Algorithmus für symmetrische Matrizen besteht darin, daß die berechneten l_{ij} $(i > j)$ nicht sofort auf den Platz von a_{ij} $(i > j)$ gespeichert werden können, da die $a_{ji} = a_{ij}$ noch zur Berechnung der reduzierten Koeffizientenmatrix benötigt werden. So kann l_{21} erst nach der Berechnung aller $a_{j2}^{(1)}$ $(j \geqq 2)$ auf den Platz von a_{21} gespeichert werden. Eine symmetrische Variante des Gaußschen Algorithmus, die diesen Nachteil vermeidet, ist das *Cholesky-Verfahren.*

Verwendet man die Abkürzung $k_{i1} = \dfrac{a_{i1}}{\sqrt{a_{11}}}$, $i = 1, \ldots, N$, so berechnet sich die Matrix nach dem ersten Reduktionsschritt nach der Formel

$$a_{ij}^{(1)} = a_{ij} - k_{i1}k_{j1}, \qquad i, j \geqq 2.$$

Die k_{i1} können nun direkt auf den Platz der a_{i1} gespeichert werden, weil die a_{i1} zur Berechnung der $a_{ij}^{(1)}$ $(i, j \geqq 2)$ nicht mehr benötigt werden.

Auf diese Weise gelingt es gegenüber dem unsymmetrischen Fall, $\frac{N}{2}(N-1)$ Speicherplätze (bei vollbesetzter Matrix!) einzusparen, allerdings müssen N Quadratwurzeln berechnet werden. Die Zahl der Multiplikationen bzw. Divisionen beträgt $\frac{1}{6}(N^3 + 9N^2 + 2N)$.

Die Faktorisierung der Koeffizientenmatrix mit dem Cholesky-Verfahren kann interpretiert werden als Zerlegung

$$A = LL^{\mathsf{T}}$$

mit

$$L = \begin{bmatrix} k_{11} & 0 \cdots 0 \\ \vdots & \vdots \\ \vdots & 0 \\ k_{N1} \cdots & k_{NN} \end{bmatrix}.$$

Zusammengefaßt erfolgt die Lösung mit dem Cholesky-Verfahren in den Schritten

(1) Faktorisierung

Für $l = 1, \ldots, N$ berechne man

$$k_{ll} = \sqrt{a_{ll}},$$

für $i = l + 1, \ldots, N$ berechne man

$$k_{il} = \frac{a_{il}}{k_{ll}},$$

für $j = l + 1, \ldots, i$ berechne man

$$a_{ij} = a_{ij} - k_{il}k_{jl}.$$

(2) Vorwärtseinsetzen

Für $i = 1, \ldots, N$ berechne man

$$d = b_i,$$

für $j = 1, \ldots, i - 1$ berechne man

$$d = d - k_{ij}f_j,$$

$$f_i = \frac{d}{k_{ii}}.$$

(3) Rückwärtseinsetzen

Für $j = N, N-1, \ldots, 1$ berechne man

$$d = f_j,$$

für $i = j+1, \ldots, N$ berechne man

$$d = d + k_{ij}x_i,$$

$$x_j = -\frac{d}{k_{jj}}.$$

Wir betrachten nun die Anwendung des Cholesky-Verfahrens auf eine symmetrische Bandmatrix mit der Bandbreite m. Dann ist die in jedem Reduktionsschritt neu entstehende Koeffizientenmatrix eine Bandmatrix mit einer Bandbreite kleiner oder gleich m. Im ersten Reduktionsschritt gilt nämlich

$$k_{i1} = 0 \quad \text{für} \quad |i-1| > m,$$

und wegen

$$a_{ij}^{(1)} = a_{ij} - k_{i1}k_{j1}, \qquad (i, j \geqq 2)$$

folgt

$$a_{ij}^{(1)} = 0 \quad \text{für} \quad |i-j| > m.$$

Das bedeutet, daß sich die Zerlegung einer symmetrischen, positiv definiten Bandmatrix nur innerhalb des Bandes abspielt. Nutzt man diese Tatsache aus, können $\frac{N-m}{2}(N-m-1)$ Speicherplätze zusätzlich eingespart werden. Außerdem benötigt man weniger Multiplikationen und Divisionen für einen Reduktionsschritt als bei einer vollbesetzten Matrix. Insgesamt hat man jetzt N Quadratwurzeln zu berechnen und höchstens $\frac{N}{2}m(m+3)$ Multiplikationen bzw. Divisionen auszuführen.

Folglich ist zur Minimierung des Rechen- und Speicheraufwandes eine minimale Bandbreite wünschenswert. Man kann durch eine Umnumerierung der Knoten die Bandbreite verändern.

Wir betrachten das Beispiel gemäß Abb. 23 und Abb. 24. Numeriert man die Knoten gemäß Abb. 23, so ergibt sich die in

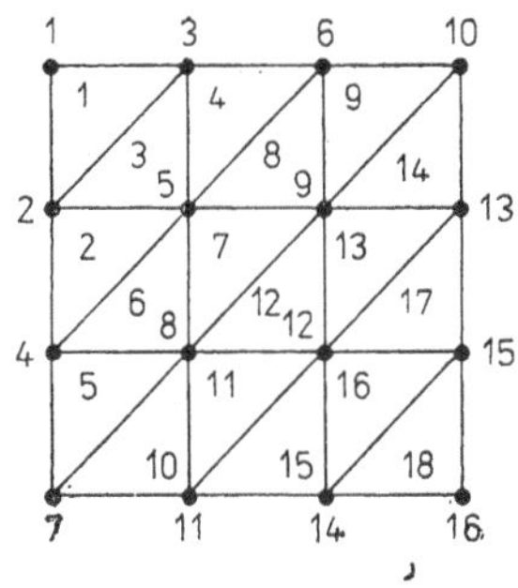

Abb. 23

Abb. 24 angedeutete Koeffizientenmatrix. Man sieht, daß sich die Bandbreite auf 4 verringert hat. Es gibt Algorithmen zur systematischen Reduzierung der Bandbreite, wir verweisen hier auf die Literatur [18], [21], [22].

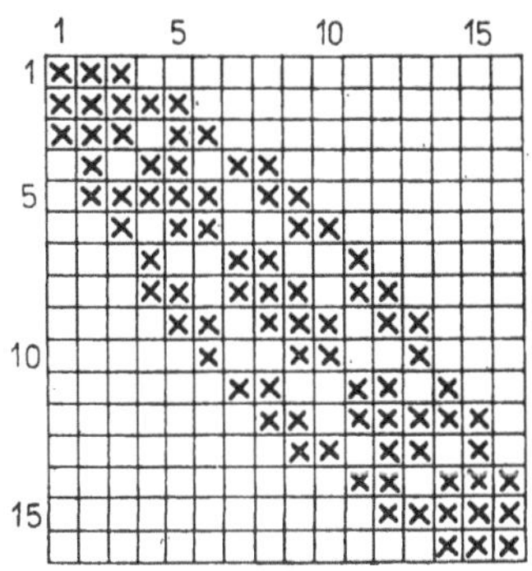

Abb. 24

3.1.4. *Die Frontlösungsmethode*

Die Frontlösungsmethode wurde 1970 von Iron zur Lösung sehr großer linearer Gleichungssysteme mit symmetrischer, positiv definiter Koeffizientenmatrix unter Verwendung externer Speichermedien vorgeschlagen. 1976 untersuchte Hood den allgemeinen unsymmetrischen Fall. Der Einfachheit halber erläutern wir die Methode für den symmetrischen, positiv definiten Fall.

Bei der Faktorisierung einer Bandmatrix der Bandbreite m nach dem Cholesky-Verfahren in $A = L \cdot L^T$ werden für jeden

Reduktionsschritt nur m aufeinanderfolgende Zeilen der Matrix im Hauptspeicher benötigt. Im ersten Reduktionsschritt ist nämlich $k_{i1} = 0$ für $|i - 1| > m$, d. h., die Zeilen mit den Nummern $i = m + 2, \ldots, N$ werden von der Elimination der Unbekannten x_1 nicht berührt. Die Frontlösungsmethode nutzt dies aus, indem das Gleichungssystem nur soweit aufgebaut wird, wie dies zur Elimination der ersten Zeilen erforderlich ist, die bereits eliminierten Zeilen werden auf einem externen Speichermedium aufgehoben. Auf diese Weise wechseln Aufbauschritte der Koeffizientenmatrix und Eliminationsschritte einander ab.

Seien A_h^μ die Elementmatrix zum finiten Element K_μ und q_μ die kleinste, p_μ die größte Knotennummer des Elements K_μ. Aus der Bandstruktur der Matrix $A_h = \sum_{\mu=1}^{M} A_h^\mu$ folgt, daß $p_\mu - q_\mu \leqq m$ für jedes K_μ gilt. Wir nehmen an, daß die Elemente K_μ bereits so numeriert wurden, daß $q_1 \leqq q_2 \leqq \cdots$. Man beginnt nun mit dem Aufbau der Koeffizientenmatrix gemäß

$$A_h = A_h^1 + A_h^2 + \cdots,$$

bis erstmals $q_l > 1$ gilt. Die Matrix

$$C_h = A_h^1 + \cdots + A_h^{l-2}$$

stimmt dann in den ersten $q_l - 1$ Zeilen und Spalten mit A_h überein, durch Addition aller weiteren Elementmatrizen A_h^μ $(\mu \geqq l)$ wird dieser Teil von A_h nicht verändert. Da $q_1 = q_2 = \cdots = q_{l-1} = 1$ gilt und in jedem K_μ die Differenz $p_\mu - q_\mu$ höchstens m beträgt, folgt $p_1, \ldots, p_{l-1} \leqq m + 1$. Zu diesem Zeitpunkt sind in der Matrix A_h also erst $m + 1$ Zeilen und Spalten belegt. Dieser Teil der Matrix, die sogenannte Frontmatrix, wird im Hauptspeicher untergebracht (Abb. 25). Nun können $q_l - 1$ Eliminationsschritte durchgeführt werden, wobei die berechneten k_{ij} im externen Speichermedium aufgehoben werden. Die Koeffizienten innerhalb des schraffierten Bereiches von Abb. 25 stimmen zwar noch nicht mit den entsprechenden Matrixelementen von A_h überein, die Elimination kann aber aufgrund des Kommutativgesetzes der Addition

$$a_{ij} = \sum_{\mu=1}^{l-1} a_{ij}^\mu + \sum_{\mu \geqq l} a_{ij}^\mu$$

dennoch durchgeführt werden. Die nachfolgenden Schritte zum weiteren Aufbau von A_h führen zu den gleichen Elementen der Reduktionsmatrix, die man durch Elimination der vollständig aufgebauten Matrix A_h erhalten würde. Ist z. B. $q_1 = 1$ und

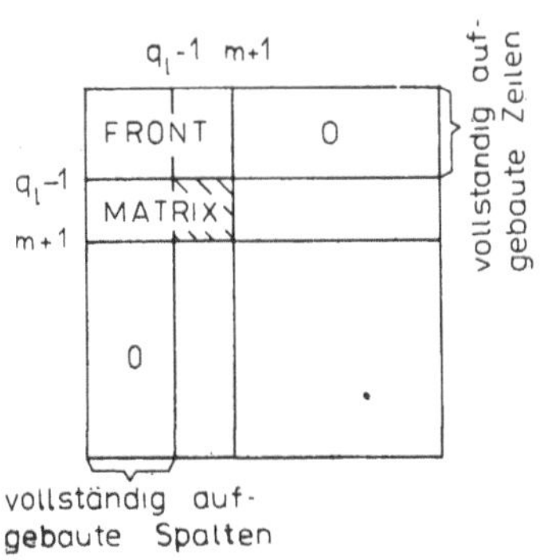

Abb. 25

$q_2 = 2$, so erhält man bei vollständig erzeugtem A_h

$$a_{22}^{(1)} = a_{22} - k_{21}k_{21}.$$

Im Fall der Frontlösungsmethode kann die erste Zeile bereits eliminiert werden, bevor A_h^2 berechnet wurde. Weiterer Aufbau von A_h führt zu

$$a_{22}^{(1)} = a_{22}^1 - k_{21}k_{21} + \sum_{\mu \geqq 2} a_{22}^\mu,$$

$$a_{22}^{(1)} = \sum_{\mu \geqq 1} a_{22}^\mu - k_{21}k_{21} = a_{22} - k_{21}k_{21}.$$

Aufbau und Eliminationsschritte wechseln einander ab, im Hauptspeicher wird stets nur die Frontmatrix der Dimension $m + 1$ benötigt.

In der Tabelle 5 wird für die Matrix gemäß Abb. 24 bei Elementnumerierung entsprechend Abb. 23 in der letzten Spalte die Gleichungsnummer angegeben, die nach dem Aufbau bis zum entsprechenden Element eliminiert werden kann.

Abschließend betrachten wir den Aufbau und die ersten beiden Eliminationsschritte für die spezielle Matrix A_h aus Abschnitt 2.2. Die dort gegebene Elementnumerierung (vgl. Abb. 17) entspricht nicht der Forderung $q_1 \leqq q_2 \leqq \cdots$, z. B. ist $q_{10} = 1$ aber $q_5 = 2$.

Tabelle 5

Element	q_i	p_i	belegte Zeilen und Spalten der Frontmatrix	zu eliminierende Gleichung
1	1	3	1–3	1
2	2	5	2–5	—
3	2	5	2–5	2
4	3	6	3–6	3
5	4	8	4–8	—
6	4	8	4–8	4
7	5	9	5–9	—
8	5	9	5–9	5
9	6	10	6–10	6
10	7	11	7–11	7
11	8	12	8–12	—
12	8	12	8–12	8
13	9	13	9–13	—
14	9	13	9–13	9, 10
15	11	14	11–14	11
16	12	15	12–15	—
17	12	15	12–15	12, 13
18	14	16	14–16	14, 15, 16

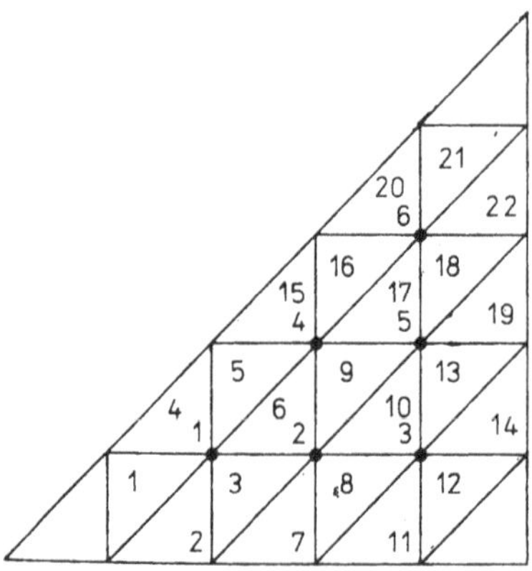

Abb. 26

Bei der in Abb. 26 angegebenen Numerierung ist diese Forderung erfüllt, die drei Randelemente, die keinen Beitrag zu A_h liefern, wurden von vornherein weggelassen. Da $q_1 = \cdots = q_6 = 1$ und $q_7 = 2$ ist, wird die Matrix A_h im ersten Schritt durch Addition der ersten sechs Elementmatrizen $A_h^1, \ldots, A_h^6$ aufgebaut. Man erhält die in Tabelle 6 angegebene Matrix. Die Elimination der

Tabelle 6

	1	2	3	4	5	6
1	4	-1	•	•	•	•
2	-1	$\frac{3}{2}$	•	$-\frac{1}{2}$	•	•
3	•	•	•	•	•	•
4	•	$-\frac{1}{2}$	•	1	•	•
5	•	•	•	•	•	•
6	•	•	•	•	•	•

Frontmatrix im Hauptspeicher

ersten Zeile führt zu

$$\begin{array}{cccccc}
2 & -\frac{1}{2} & . & . & . & . \\
-\frac{1}{2} & \frac{5}{4} & . & -\frac{1}{2} & . & . \\
. & . & . & . & . & . \\
. & -\frac{1}{2} & . & 1 & . & . \\
. & . & . & . & . & . \\
. & . & . & . & . & .
\end{array}$$

Die erste Zeile und Spalte können nun auf das externe Speichermedium übertragen werden. Der weitere Aufbau von A_h umfaßt alle Elemente K_μ mit $q_\mu = 2$, hier also $A_h^7, \ldots, A_h^{10}$. Dies ergibt die in Tab. 7 angegebene Struktur. Jetzt kann die zweite Zeile

Tabelle 7

2	$-\frac{1}{2}$	•	•	•	•	extern
$-\frac{1}{2}$	$\frac{15}{4}$	-1	-1	•	•	
•	-1	$\frac{3}{2}$	•	$-\frac{1}{2}$	•	
•	-1	•	2	-1	•	
•	•	$-\frac{1}{2}$	-1	1	•	
•	•	•	•	•	•	

eliminiert und auf das externe Speichermedium übertragen werden (vgl. Tab. 8). Vor der Elimination der dritten Zeile sind die Elementmatrizen $A_h^{11}, \ldots, A_h^{14}$ zu addieren. In dieser Weise fährt man fort.

Tabelle 8

2	$-\frac{1}{2}$	•	•	•	•
$-\frac{1}{2}$	$\frac{\sqrt{15}}{2}$	$-\frac{2}{\sqrt{15}}$	$-\frac{2}{\sqrt{15}}$	•	•
•	$-\frac{2}{\sqrt{15}}$	$\frac{37}{30}$	$-\frac{4}{15}$	$-\frac{1}{2}$	•
•	$-\frac{2}{\sqrt{15}}$	$-\frac{4}{15}$	$\frac{26}{15}$	-1	•
•	•	$-\frac{1}{2}$	-1	1	•
•	•	•	•	•	•

3.2. *Iterative Verfahren*

3.2.1. *Allgemeine Bemerkungen*

Ein lineares Einschrittverfahren zur iterativen Lösung des linearen Gleichungssystems

$$Ax = b$$

hat die allgemeine Form

$$B\frac{x^{k+1} - x^k}{\tau_k} + Ax^k = b, \quad k = 0, 1, 2, \ldots, \tag{3.1}$$

dabei sind die τ_k Iterationsparameter, und B ist eine nichtsinguläre Matrix. Für ein explizites Iterationsverfahren ist B die Einheitsmatrix und zur Berechnung einer neuen Näherung x^{k+1} ist im wesentlichen eine Matrixmultiplikation erforderlich. Implizite Iterationsverfahren ($B \neq E$) erfordern zusätzlich die Auflösung eines Gleichungssystems $By = d$. Andererseits beeinflußt die Wahl von B die Anzahl der notwendigen Iterationsschritte für einen akzeptablen Näherungswert. Im Extremfall ist $B = \tau_k A$, für eine beliebige Anfangsnäherung x^0 wird in einem Iterationsschritt die Lösung erreicht, wobei jedoch die Lösung des Systems $By = d$ ebensoviel arithmetische Operationen erfordert wie die direkte Lösung des Ausgangssystems $Ax = b$. Die Wahl von B hat nun so zu erfolgen, daß die Systeme $By = d$ mit geringem Aufwand gelöst werden können und die Zahl der Iterationen gering bleibt. Ist x^* die exakte Lösung von (3.1) und bezeichnet man mit $e^k = x^k - x^*$ die Folge der Fehlervektoren, so gilt die Iterationsvorschrift

$$e^{k+1} = T_k e^k, \qquad e^0 = x^0 - x^*$$

mit der *Iterationsmatrix*

$$T_k = I - \tau_k B^{-1} A.$$

Oft betrachtet man Verfahren mit $\tau_k = \tau$ für alle k, dann folgt auch $T_k = T$ für alle k, und es gilt

Satz 3.1: *Das Einschrittverfahren* (3.1) *mit $\tau_k = \tau$ für alle k konvergiert genau dann für alle Startvektoren x^0, wenn alle Eigenwerte der Iterationsmatrix T dem Betrage nach kleiner als Eins sind.*

Im Gegensatz zu den direkten Verfahren benötigt man bei iterativen Verfahren ein Abbruchkriterium, nach dem entschieden wird, wann die Iteration gestoppt wird. Ein Maß für den Fehler ist der Abstand des Lösungsvektors $x^* = (x_1^*, \ldots, x_N^*)$ zum k-ten Näherungsvektor $x^k = (x_1^k, \ldots, x_N^k)$ also

$$\sqrt{\sum_{i=1}^{N} (x_i^* - x_i^k)^2}.$$

Man nennt diesen Abstand auch *euklidische Norm* und führt die Bezeichnung ein

$$\|x^* - x^k\| = \sqrt{\sum_{i=1}^{N} (x_i^* - x_i^k)^2}. \tag{3.2}$$

Im Idealfall hat man eine Fehlerabschätzung

$$\|x^* - x^k\| \leqq C_k \, \|x^0 - x^*\|$$

und stoppt das Verfahren, wenn C_k kleiner ist als eine vorgegebene Schranke $\varepsilon > 0$. Praktisch stoppt man ein Verfahren oft, wenn für die Differenz zweier aufeinanderfolgender Näherungen gilt

$$\|x^{k+1} - x^k\| < \varepsilon \tag{3.3}$$

oder wenn für den Rest (auch *Residuum* oder *Defekt* genannt) $r^k = b - Ax^k$ gilt

$$\|r^k\| < \varepsilon. \tag{3.4}$$

Beide Kriterien (3.3) und (3.4) besitzen den Nachteil, daß der Fehler $e^k = x^k - x^*$ auch für kleine ε relativ groß sein kann. Man benötigt noch gewisse Zusatzinformationen, um aus (3.3) bzw. (3.4) auf die Güte der Näherung x^k schließen zu können. Aus der Beziehung

$$x^{k+1} - x^k = (I - T)\, e^k$$

folgt

$$\|e^k\| \leqq \frac{\|x^{k+1} - x^k\|}{\sqrt{\mu_{\min}}}.$$

$\mu_{\min}$ ist der kleinste Eigenwert der Matrix $(I - T)^{\mathsf{T}} \cdot (I - T)$. Für symmetrische Matrizen T gilt insbesondere $\sqrt{\mu_{\min}} = 1 - |\lambda_{\max}|$, dabei ist $|\lambda_{\max}|$ der betragsmäßig größte Eigenwert von T.

Im Falle des Kriteriums (3.4) erhalten wir aus

$$r^k = Ae^k$$

sofort

$$\|e^k\| \leq \frac{\|r^k\|}{\sqrt{\nu_{\min}}}$$

mit dem kleinsten Eigenwert $\nu_{\min}$ der Matrix $A^{\mathrm{T}}A$. Für symmetrische Matrizen A gilt speziell $\sqrt{\nu_{\min}} = |\lambda_{\min}|$, dabei ist $|\lambda_{\min}|$ der betragsmäßig kleinste Eigenwert von A. Um die Güte der Approximation x^k bei Anwendung der Abbruchkriterien (3.3) bzw. (3.4) sicher beurteilen zu können, benötigt man Abschätzungen für die entsprechenden Eigenwerte.

3.2.2. *Das Gauß-Seidel-Verfahren und das Verfahren der sukzessiven Überrelaxation (SOR)*

Wählt man $\tau = 1$ und für B die untere Dreiecksmatrix von A, so erhält man das Gauß-Seidel-Verfahren. Die Auflösung der Systeme $By = d$ entspricht dann dem Prozeß des Vorwärtseinsetzens. Unter Berücksichtigung von

$$B = \begin{bmatrix} a_{11} & & 0 \\ \vdots & \ddots & \\ a_{N1} & \cdots & a_{NN} \end{bmatrix}$$

kann das Verfahren (3.1) in der Form

$$a_{11}x_1^{k+1} = b_1 - \sum_{j=2}^{N} a_{1j}x_j^k,$$

$$a_{22}x_2^{k+1} = b_2 - a_{21}x_1^{k+1} - \sum_{j=3}^{N} a_{2j}x_j^k,$$

$$\text{-------------------------}$$

$$a_{NN}x_N^{k+1} = b_N - \sum_{j=2}^{N-1} a_{Nj}x_j^{k+1}$$

dargestellt werden. Ausgehend von einer Näherung x^k berechnet man die erste Komponente x_1^{k+1} der folgenden Näherung x^{k+1} aus der ersten Gleichung. Zur Berechnung von $x_2^{k+1}, \ldots, x_N^{k+1}$ wird x_1^k nicht mehr benötigt. Also speichert man zweckmäßigerweise den berechneten Wert x_1^{k+1} gleich auf dem Platz von x_1^k. Entsprechend werden die Werte $x_2^{k+1}, \ldots, x_N^{k+1}$ unmittelbar nach ihrer Berechnung auf den Platz $x_2^k, \ldots, x_N^k$ gespeichert. Die Anzahl der wesentlichen arithmetischen Operationen für einen Iterationsschritt beträgt bei vollbesetzter Matrix N^2. Im Fall einer Bandmatrix reduziert sie sich auf δN wobei δ die mittlere Anzahl der Nichtnullelemente in einer Zeile bezeichnet. Die schwache Besetztheit der Matrix A kann somit voll ausgenutzt werden, im Verlauf der Rechnung wird kein zusätzlicher Speicherplatz benötigt. Für die Durchführung des Gauß-Seidel-Verfahrens ist notwendig, daß die Diagonale von A nur aus Nichtnullelementen besteht, also $a_{11}, a_{22}, \ldots, a_{NN}$ verschieden von Null sind. Hinreichend für die Konvergenz der Methode sind folgende Kriterien:

Lemma 3.1: *Das Gauß-Seidel-Verfahren für eine positiv definite, symmetrische Matrix A konvergiert. Konvergenz liegt ebenfalls vor, wenn $\gamma_1, \ldots, \gamma_N < 1$ gilt, wobei*

$$\gamma_1 = \sum_{j=2}^{N} \left|\frac{a_{1j}}{a_{11}}\right|; \quad \gamma_i = \sum_{j=1}^{i-1} \left|\frac{a_{ij}}{a_{ii}}\right| \gamma_j + \sum_{j=i+1}^{N} \left|\frac{a_{ij}}{a_{ii}}\right|; \quad i = 2, \ldots, N.$$

Wählt man in (3.1) $\tau = \omega$ und

$$B = \begin{bmatrix} a_{11} & & 0 \\ \omega a_{21} & & \\ \vdots & & \\ \omega a_{N,1} \cdots \omega a_{N,N-1} & & a_{NN} \end{bmatrix},$$

so erhält man das Verfahren der sukzessiven Überrelaxation (SOR). Da B ebenfalls Dreiecksstruktur besitzt, ist der Aufwand an wesentlichen arithmetischen Operationen in einem Iterationsschritt ebenso hoch wie beim Gauß-Seidel-Verfahren. In Komponentenschreibweise lautet das Verfahren

$$a_{11}x_1^{k+1} = \omega\left(b_1 - \sum_{j=2}^{N} a_{1j}x_j^k\right) + (1 - \omega)\, a_{11}x_1^k,$$

$$a_{22}x_2^{k+1} = \omega\left(b_2 - a_{21}x_1^{k+1} - \sum_{j=3}^{N} a_{2j}x_j^k\right) + (1 - \omega)\, a_{22}x_2^k,$$

$$a_{NN}x_N^{k+1} = \omega\left(b_N - \sum_{j=1}^{N-1} a_{Nj}x_j^{k+1}\right) + (1 - \omega)\, a_{NN}x_N^k.$$

Für die Realisierbarkeit des Verfahrens ist notwendig, daß a_{11}, $a_{22}, \ldots, a_{NN}$ von Null verschieden sind.

Lemma 3.2: *Ist A symmetrisch und positiv definit, so sind alle Diagonalelemente a_{ii} von Null verschieden und das SOR-Verfahren konvergiert für alle ω mit $0 < \omega < 2$.*

Die Frage nach der Wahl des optimalen (im Sinne einer schnellen Konvergenz des Iterationsverfahrens) Relaxationsparameters ω kann nur in Spezialfällen beantwortet werden. In der Regel ist man auf Testrechnungen bei der Lösung verwandter Probleme angewiesen.

3.2.3. *Das Verfahren der konjugierten Gradienten (CG)*

Wir erläutern hier die klassische Variante des Verfahrens der konjugierten Gradienten (CG-Verfahren), bei der die Matrix A symmetrisch und positiv definit ist. Das CG-Verfahren beruht auf der Tatsache, daß die Lösung x^* des linearen Gleichungssystems $Ax = b$ zugleich die quadratische Funktion

$$F(x) = \frac{1}{2} x^{\mathsf{T}} A x - b^{\mathsf{T}} x$$

minimiert.

Seien x^0 ein Startwert und $r^k = b - Ax^k$ der Defekt im k-ten Iterationsschritt. Der neue Näherungswert x^{k+1} wird in der Form

$$x^{k+1} = x^k + \alpha_0 r^0 + \cdots + \alpha_k r^k$$

angesetzt, und die Koeffizienten α_i werden aus der Forderung

$$F(x^{k+1}) = \min_{\alpha_i} F(x^k + \alpha_0 r^0 + \cdots + \alpha_k r^k)$$

bestimmt. Diese Idee führt zu folgendem Algorithmus [23]:

(1) Für einen Startwert x^0 berechne man

$$r^0 = b - Ax^0, \qquad p^0 = r^0.$$

(2) Für $k = 0, 1, 2, \ldots$ teste man, ob $p^k = 0$. Wenn ja, ist x^k Lösungsvektor. Wenn nicht, berechne man:

$$a_k = \frac{(r^k)^{\mathsf{T}} r^k}{(p^k)^{\mathsf{T}} A p^k}, \qquad x^{k+1} = x^k + a_k p^k,$$

$$r^{k+1} = r^k - a_k A p^k, \qquad c_k = \frac{(r^{k+1})^{\mathsf{T}} r^{k+1}}{(r^k)^{\mathsf{T}} r^k},$$

$$p^{k+1} = r^{k+1} + c_k p^k.$$

Theoretisch endet das Verfahren in N Schritten, aufgrund von Rundungsfehlern wird dies auf Rechenanlagen im allgemeinen nicht erreicht. Die Genauigkeit der k-ten Näherung x^k hängt vom Startwert x^0 und von der Verteilung der Eigenwerte der Matrix A ab.

Verwendet man als Maß für den Fehler nicht die euklidische Norm $\|y\|$, sondern die Norm $\|y\|_A = \sqrt{y^\mathrm{T} A y}$, so hat man folgende Aussage für das CG-Verfahren:

Lemma 3.3: *Sind $\lambda_{\min}$, $\lambda_{\max}$ der kleinste bzw. größte Eigenwert von A und ist $\varkappa = \frac{\lambda_{\max}}{\lambda_{\min}}$, so gilt die Fehlerabschätzung*

$$\|x^k - x^*\|_A \leqq \left(\frac{\sqrt{\varkappa} - 1}{\sqrt{\varkappa} + 1}\right)^k \|x^0 - x^*\|_A .$$

$\varkappa$ heißt auch *Kondition der Matrix A.*

Extrem günstig ist also die Anwendung des Verfahrens für Matrizen mit Konditionszahlen nahe bei Eins. Allerdings ist die angegebene Fehlerabschätzung oft zu pessimistisch, weil die konkrete Verteilung aller Eigenwerte innerhalb des Intervalls $[\lambda_{\min}, \lambda_{\max}]$ in der Abschätzung unberücksichtigt bleibt. Tatsächlich liefern schon wenige CG-Schritte akzeptable Näherungen, wenn die Eigenwerte sich in wenigen Gruppen häufen. Treten im Extremfall nur $l \ll N$ verschiedene Eigenwerte auf, endet das Verfahren theoretisch in l Schritten.

Für die Kondition der beim Verfahren der finiten Elemente erzeugten Matrizen gilt die Abschätzung (wir gehen in Kap. 9 ein wenig genauer darauf ein)

$$\varkappa \leqq C h^{-2}.$$

Fordert man dann

$$\left(\frac{\sqrt{\varkappa} - 1}{\sqrt{\varkappa} + 1}\right)^k < \varepsilon ,$$

so erhält man für die Zahl der notwendigen Iterationen

$$k \approx \frac{C}{h} \ln \frac{1}{\varepsilon} .$$

Bei der rechentechnischen Realisierung des CG-Verfahrens ist die Speicherung der vier Vektoren x^k, r^k, p^k, Ap^k erforderlich. Dazu kommt der Speicherplatzbedarf für die Nichtnullelemente der Matrix A. Die Zahlenparameter a_k und c_k besitzen nur kurzzeitig Bedeutung. Damit ist der Speicher- und Rechenaufwand für einen CG-Schritt im Fall einer Bandmatrix mit fester Bandbreite proportional zur Dimension N des Gleichungssystems.

Lineare Gleichungssysteme mit unsymmetrischer Koeffizientenmatrix können im einfachsten Fall durch Übergang zum System

$$A^{\mathsf{T}}Ax = A^{\mathsf{T}}b$$

mit dem CG-Verfahren gelöst werden, denn $B = A^{\mathsf{T}}A$ ist symmetrisch und positiv definit. Im allgemeinen verschlechtert sich hierbei die Kondition, deshalb wendet man diese Idee nicht an. Besser ist es, verallgemeinerte CG-Verfahren zu verwenden, die ebenfalls auf der Minimierung eines geeigneten Funktionals beruhen. Der Leser findet einen Überblick über verallgemeinerte CG-Verfahren in [28].

3.2.4. *Vorkonditionierte CG-Verfahren (PCG)*

Eine Verbesserung der Kondition kann durch Multiplikation des Gleichungssystems mit einer geeigneten Matrix C^{-1} erreicht werden, man erhält

$$C^{-1}Ax = C^{-1}b.$$

Ideal wäre $C = A$, weil dann $C^{-1}A$ die Einheitsmatrix ist, die die Konditionszahl $\varkappa(I) = 1$ hat. Eine gute Kondition kann deshalb erwartet werden, wenn C näherungsweise mit A übereinstimmt. Auf das obige Gleichungssystem ist jedoch das CG-Verfahren nicht anwendbar, da $C^{-1}A$ auch für symmetrisches C und A nicht notwendig symmetrisch ist. Seien C und A symmetrische, positiv definite Matrizen und $C = LL^{\mathsf{T}}$ die Cholesky-Zerlegung der Matrix C. Wendet man nun das CG-Verfahren auf das Gleichungssystem

$$A^*x^* = b^*$$

mit $A^* = L^{-1}A(L^{-1})^{\mathsf{T}}$, $x^* = L^{\mathsf{T}}x$, $b^* = L^{-1}b$ an, so ist A^* symmetrisch und positiv definit und die Kondition von A^* und $C^{-1}A$ stimmen überein.

Die Umrechnung auf die alten Größen A, b und x ergibt folgende Variante des vorkonditionierten CG-Verfahrens:

(1) Man wähle $c = LL^\mathsf{T}$ und berechne für einen Startwert x^0

$$r^0 = b - Ax^0,$$

$$cs^0 = r^0,$$

$$q^0 = s^0.$$

(2) Für $k = 0, 1, 2, \ldots$ teste man, ob $r^k = 0$. Wenn ja, ist x^k Lösungsvektor. Wenn nicht, berechne man

$$a_k = \frac{(r^k)^\mathsf{T} s^k}{(q^k)^\mathsf{T} A q^k},$$

$$x^{k+1} = x^k + a_k q^k,$$

$$r^{k+1} = r^k - a_k A q^k,$$

$$cs^{k+1} = r^{k+1},$$

$$c_k = \frac{(r^{k+1})^\mathsf{T} s^{k+1}}{(r^k)^\mathsf{T} s^k},$$

$$q^{k+1} = s^{k+1} + c_k q^k.$$

Im Vergleich zum nicht vorkonditionierten CG-Verfahren erhöht sich der Aufwand durch die zusätzliche Speicherung des Vektors s^k und durch die Auflösung des Gleichungssystems $cs^{k+1} = r^{k+1}$ in jedem CG-Schritt. Dieser Mehraufwand ist nur dann gerechtfertigt, wenn er zu einer Senkung der erforderlichen Iterationsschritte führt.

Für schwach besetzte Bandmatrizen bietet sich eine unvollständige Cholesky-Faktorisierung der Matrix A zur Vorkonditionierung des CG-Verfahrens an (ICCG-Verfahren). Die Idee geht auf Meijerink und van der Vorst (1977) zurück. Zur unvollständigen Cholesky-Faktorisierung der symmetrischen, positiv definiten Matrix A wählt man eine symmetrische Indexmenge P außerhalb der Hauptdiagonalen, so daß aus (i, j) gehört zu P auch (j, i) gehört zu P folgt. Vor dem l-ten Reduktionsschritt der Cholesky-Faktorisierung werden alle Elemente $a_{il}^{(l-1)}$ der Reduktionsmatrix weggelassen, für die (i, l) zu P gehört. Im Ergebnis entsteht die Aufspaltung

$$A = LL^\mathsf{T} + R,$$

wobei die Elemente von L und R den Beziehungen $k_{ij} = 0$ für $(i, j) \in P$ und $r_{ij} = 0$ für $(i, j) \notin P$ genügen. Das Verfahren möge am Beispiel der in Abb. 22 angegebenen Matrix erläutert werden. Dazu sei $P = \{(i, j)$ für $|i - j| \geqq 2\}$, das bedeutet, daß außerhalb der Haupt- und den angrenzenden Nebendiagonalen die Matrizen L bzw. L^T nicht besetzt werden. Vor dem ersten Schritt werden

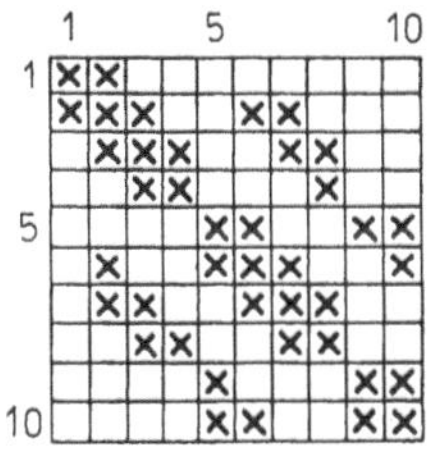

Abb. 27

nun die Elemente $a_{15} = a_{51}$, $a_{16} = a_{61}$ Null gesetzt, folglich entsteht an den Stellen $a_{25}^{(1)} = a_{52}^{(1)}$ keine Auffüllung. Die Reduktionsmatrix nach dem ersten Schritt besitzt die in Abb. 27 gezeigte Struktur. Vor dem nächsten Reduktionsschritt werden $a_{26}^{(1)} = a_{62}^{(1)}$ und $a_{27}^{(1)} = a_{72}^{(1)}$ Null gesetzt, und danach wird die Elimination durchgeführt. Die Plätze a_{36} und a_{63} werden nicht aufgefüllt, insbesondere bleiben im 2. Reduktionsschritt die 6. und 7. Zeile unverändert. Dieser Prozeß ist so lange ausführbar, solange die Diagonalelemente $a_{11}, a_{22}^{(1)}, \ldots$ positiv sind. Wie Meijerink und von der Vorst zeigten, kann dies für die Klasse der M-Matrizen gesichert werden. Eine Matrix A heißt dabei *M-Matrix*, falls alle Elemente außerhalb der Hauptdiagonalen nicht positiv und alle Elemente von A^{-1} nicht negativ sind. Die bei der Methode der finiten Elemente zu lösenden Gleichungssysteme erfüllen in der Regel diese Forderung nicht. Deshalb sind verschiedene Modifikationen der unvollständigen Cholesky-Faktorisierung entwickelt worden, die die Ausführbarkeit der Faktorisierung sichern. Die einfachste Idee stammt von Kershaw (1978).

In dem Fall, daß während der Faktorisierung ein nichtpositives Diagonalelement entsteht, ersetzt man dieses durch eine positive Zahl und setzt den Eliminationsprozeß fort. Eine andere Variante ergibt sich durch Einführung eines Parameters α (Manteuffel (1980)). Sei

$$A_\alpha = \frac{\alpha}{1 + \alpha} E + \frac{1}{1 + \alpha} A .$$

Da A_α für große α der Einheitsmatrix nahekommt, existiert für $\alpha > \alpha_0$ stets eine unvollständige Cholesky-Faktorisierung $L_\alpha L_\alpha^T$. A_α stimmt andererseits mit A für kleiner werdendes α immer besser überein. Wünschenswert wäre eine Abschätzung des minimalen α, das eine unvollständige Faktorisierung mit Diagonalelementen sichert, die nicht kleiner als eine vorgegebene positive Schranke werden.

Abschließend sei vermerkt, daß PCG-Verfahren auch für nichtsymmetrische Gleichungssysteme entwickelt wurden [26]. Weitere iterative Verfahren findet man in [10], [20].

4. Konvergenzaussagen

4.1. *Allgemeine Bemerkungen zur Konvergenzproblematik*

Die Methode der finiten Elemente liefert uns statt der exakten Lösung $u \in V$ der gegebenen Variationsgleichung die Lösung $u_h \in V_h$ des diskreten Problems. Wünschenswert wäre nun, bei gegebenem V_h ein Maß für den Fehler $u - u_h$ abschätzen zu können. Dies ist gegenwärtig noch nicht möglich. Möglich sind aber Abschätzungen des Verhaltens des Fehlers, wenn der maximale Durchmesser der verwendeten Elemente gegen Null strebt.

Sei h der maximale Durchmesser der verwendeten Elemente der Zerlegung von Ω. Als Maß für den Fehler wählen wir $\|u - u_h\|$ mit einer geeigneten Norm $\|\cdot\|$ (wir benutzen die $\mathbf{L}^2$-Norm und die $\mathbf{H}^1$-Norm).

Man bezeichnet das Verfahren als *von der Ordnung l konvergent*, wenn es für kleine h eine nicht von h abhängende Konstante C gibt mit

$$\|u - u_h\| \leqq Ch^l$$

(eine oft verwendete Schreibweise ist auch $\|u - u_h\| = O(h^l)$). Für die Größe der Konstanten C und der Ordnung l spielen folgende Faktoren eine wesentliche Rolle:

1. Die Art der Zerlegung des Gebietes;
2. die Wahl der Formfunktionen, genauer das maximale k, so daß $P_K \supset P_k$;
3. die Glätteeigenschaften der exakten Lösung u;
4. die verwendeten Quadraturformeln zur Berechnung der auftretenden Integrale;
5. die Art und Weise der Approximation des krummlinigen Randes des Gebietes.

Während man oft das bestmögliche l kennt, weiß man von C im allgemeinen nur, daß solch eine Konstante existiert, quantitativ brauchbare Abschätzungen für C gibt es nur in Spezialfällen.

In diesem Kapitel 4 setzen wir grundsätzlich voraus, daß die auftretenden Integrale exakt berechnet werden und das Gebiet Ω beschränkt und polygonal ist. Wir untersuchen also nur die Faktoren 1, 2 und 3. Der Einfluß der Faktoren 4 und 5 ist Gegenstand von Kapitel 5 bzw. Kapitel 6.

In Abschnitt 4.2 wird zunächst demonstriert, wie man das Konvergenzproblem auf ein Approximationsproblem zurückführen kann. Am Beispiel von Dreieckelementen vom Typ 1 wird dann gezeigt, wie man die notwendigen Approximationsaussagen gewinnt und aus diesen schließlich Fehlerabschätzungen herleitet. Der nur an den Resultaten und den daraus zu schließenden Folgerungen interessierte Leser kann 4.2 (oder Teile davon) überspringen.

Wir benötigen zur Beschreibung insbesondere der Glätteeigenschaften der exakten Lösung u noch weitere Funktionenräume. Eine Funktion g, die zum $\mathbf{H}^1(\Omega)$ gehört, gehört zum Funktionenraum $\mathbf{H}^2(\Omega)$, wenn $\frac{\partial^2 g}{\partial x^2}, \frac{\partial^2 g}{\partial x\, \partial y}, \frac{\partial^2 g}{\partial y^2}$ auch zum $\mathbf{L}^2(\Omega)$ gehören. Die Norm im $\mathbf{H}^2(\Omega)$ ist

$$\|g\|_2 = \left(\int_\Omega g^2 \, \mathrm{d}\Omega + \int_\Omega \left(\frac{\partial g}{\partial x}\right)^2 \mathrm{d}\Omega + \int_\Omega \left(\frac{\partial g}{\partial y}\right)^2 \mathrm{d}\Omega \right.$$
$$\left. + \int_\Omega \left(\frac{\partial^2 g}{\partial x^2}\right)^2 \mathrm{d}\Omega + 2 \int_\Omega \left(\frac{\partial^2 g}{\partial x\, \partial y}\right)^2 \mathrm{d}\Omega + \int_\Omega \left(\frac{\partial^2 g}{\partial y^2}\right)^2 \mathrm{d}\Omega \right)^{1/2}.$$

Ähnlich kann man nacheinander die Räume $\mathbf{H}^3(\Omega), \mathbf{H}^4(\Omega), \ldots, \mathbf{H}^k(\Omega)$ (k natürliche Zahl) einführen.

Eine im üblichen Sinn differenzierbare Funktion bezeichnet man als *glatt*, wenn sie hinreichend oft differenzierbar ist. Ähnlich heißt eine Funktion $u \in \mathbf{H}^k(\Omega)$ genügend glatt, wenn das k ausreichend groß ist. Die sogenannten Sobolewschen Einbettungssätze garantieren, daß eine Funktion des $\mathbf{H}^k$ auch im klassischen Sinn r-mal differenzierbar ist, wenn $k > 1 + r$.

4.2. *Ein Beweis einer Fehlerabschätzung für Dreieckelemente vom Typ 1*

4.2.1. *Zurückführung des Konvergenzproblems auf ein Approximationsproblem*

Die exakte Lösung u genüge der Gleichung

$$a(u, v) = f(v) \quad \text{für alle} \quad v \in V,$$

die Näherungslösung u_h dagegen

$$a(u_h, v_h) = f(v_h) \quad \text{für alle} \quad v_h \in V_h.$$

Liegt v_h in V_h, so wegen $V_h \subset V$ auch in V, also gilt

$$a(u, v_h) = f(v_h) \quad \text{für alle} \quad v_h \in V.$$

Differenzbildung ergibt

$$a(u - u_h, v_h) = 0 \quad \text{für alle} \quad v_h \in V_h.$$

Deswegen liefert eine Nullergänzung ($v_h - u_h \in V_h$!)

$$\begin{aligned} a(u - u_h, u - u_h) &= a(u - u_h, u - v_h + v_h - u_h) \\ &= a(u - u_h, u - v_h) + a(u - u_h, v_h - u_h) \\ &= a(u - u_h, u - v_h). \end{aligned}$$

Nun seien die Voraussetzungen des Satzes 2.1 erfüllt. Man erhält

$$\begin{aligned} \alpha \|u - u_h\|^2 &\leqq a(u - u_h, u - u_h) = a(u - u_h, u - v_h) \\ &\leqq \beta \|u - u_h\| \, \|u - v_h\|, \end{aligned}$$

also

$$\|u - u_h\| \leqq \frac{\beta}{\alpha} \|u - v_h\|.$$

Diese Abschätzung gilt für ein beliebiges $v_h \in V_h$, deswegen auch für das Infimum bei Variation aller $v_h \in V_h$.

Satz 4.1 (Cea): *Es existiert eine von V_h unabhängige Konstante C, so daß*

$$\|u - u_h\| \leqq C \inf_{v_h \in V_h} \|u - v_h\|.$$

Dieser Satz zeigt: Der Abstand zwischen u und u_h ist (bis auf den Faktor C) so gut wie der minimale Abstand von u zu allen Elementen von V_h. Damit ist das Konvergenzproblem auf ein Approximationsproblem zurückgeführt, denn die Aufgabe, das Infimum von $\|u - v_h\|$ zu ermitteln (bzw. abzuschätzen) ist die Approximationsaufgabe, u durch Elemente von V_h möglichst gut zu approximieren.

4.2.2. *Die Approximation durch stückweise lineare Funktionen einer Dreieckzerlegung*

Ω sei ein beschränktes Polygon in der Ebene. Das Gebiet werde mit Hilfe von Dreiecken zerlegt, wir verwenden Elemente vom Typ 1, also stückweise lineare Ansatzfunktionen. Zunächst betrachten wir ein spezielles Dreieck K, gekennzeichnet durch $0 \leqq x \leqq S$, $0 \leqq y \leqq S - x$ (s. Abb. 28). Wir untersuchen die

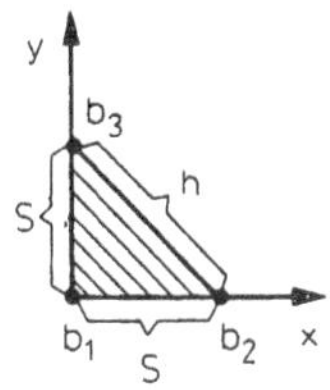

Abb. 28

Aufgabe, eine auf K gegebene Funktion u durch eine lineare Funktion zu approximieren, also durch eine Funktion der Form $d_1L_1 + d_2L_2 + d_3L_3$ (d_1, d_2, d_3 Konstanten, L_1, L_2, L_3 Dreieckskoordinaten bezüglich K). Es ist naheliegend, $d_i = u(b_i)$ zu wählen. Wir untersuchen im folgenden also die Differenz

$$u - u_p \quad \text{mit} \quad u_p = \sum_{i=1}^{3} u(b_i)\, L_i;$$

genauer wollen wir $\|u - u_p\|_1$ abschätzen mit

$$\|u - u_p\|_1^2 = \int_K \left[(u - u_p)^2 + \left(\frac{\partial}{\partial x}(u - u_p)\right)^2 + \left(\frac{\partial}{\partial y}(u - u_p)\right)^2\right] dK.$$

Zunächst gewinnen wir Integralidentitäten für $u - u_p$ unter der Annahme, daß u eine zweimal differenzierbare Funktion ist.

Aus der Linearität von u_p folgern wir

$$\frac{\partial}{\partial x}(u - u_p) = \frac{\partial u}{\partial x} - \frac{u(S, 0) - u(0, 0)}{S};$$

dies kann man schreiben als

$$\frac{\partial}{\partial x}(u - u_p) = \frac{\partial u}{\partial x} - \frac{1}{S}\int_0^S \frac{\partial u}{\partial \xi}(\xi, 0)\, d\xi$$

bzw.

$$\frac{\partial}{\partial x}(u - u_p) = \frac{1}{S}\int_0^S \left[\frac{\partial u}{\partial x}(x, y) - \frac{\partial u}{\partial \xi}(\xi, y) + \frac{\partial u}{\partial \xi}(\xi, y) - \frac{\partial u}{\partial \xi}(\xi, 0)\right] d\xi$$

bzw.

$$\frac{\partial}{\partial x}(u - u_p) = \frac{1}{S}\int_0^S \left[\int_\xi^x \frac{\partial^2 u(\mu, y)}{\partial \mu^2}\, d\mu + \int_0^y \frac{\partial^2 u(\xi, \nu)}{\partial \xi\, \partial \nu}\, d\nu\right] d\xi. \tag{I_1}$$

Aus dieser Identität gewinnen wir gewisse Abschätzungen mit Hilfe der Ungleichung von Schwarz. Wir gehen aus von

$$\int_K \left(\frac{\partial}{\partial x}(u - u_p)^2\right) dK = \int_K \left\{\frac{1}{S}\int_0^S \left[\int_\xi^x \frac{\partial^2 u(\mu, y)}{\partial \mu^2}\, d\mu + \int_0^y \frac{\partial^2 u(\xi, \nu)}{\partial \xi\, \partial \nu}\, d\nu\right] d\xi\right\}^2 dK.$$

Aus der Ungleichung

$$(a + b)^2 \leqq 2(a^2 + b^2)$$

folgt

$$\int_K \left(\frac{\partial}{\partial x}(u - u_p)\right)^2 \mathrm{d}K \leqq \frac{2}{S^2} \int_K \left[\left(\int_0^S \int_\xi^x \frac{\partial^2 u(\mu, y)}{\partial \mu^2} \mathrm{d}\mu \, \mathrm{d}\xi\right)^2 + \left(\int_0^S \int_0^y \frac{\partial^2 u(\xi, \nu)}{\partial \xi \partial \nu} \mathrm{d}\xi \, \mathrm{d}\nu\right)^2\right] \mathrm{d}K.$$

Die Schwarzsche Ungleichung

$$\left(\int_G g \, \mathrm{d}G\right)^2 \leqq \mu(G) \int_G g^2 \, \mathrm{d}G, \quad \mu(G) = \text{Inhalt von } G,$$

ergibt

$$\int_K \left(\frac{\partial}{\partial x}(u - u_p)\right)^2 \mathrm{d}K \leqq 2 \int_K \left[\int_0^S \int_\xi^x \left(\frac{\partial^2 u(\mu, y)}{\partial \mu^2}\right)^2 \mathrm{d}\mu \, \mathrm{d}\xi + \int_0^S \int_0^y \left(\frac{\partial^2 u(\xi, \nu)}{\partial \xi \, \partial \nu}\right)^2 \mathrm{d}\nu \, \mathrm{d}\xi\right] \mathrm{d}K.$$

Wir betrachten nacheinander die beiden Integrale. Es gilt

$$J_1 = \int_K \int_0^S \int_0^y \left(\frac{\partial^2 u(\xi, \nu)}{\partial \xi \, \partial \nu}\right)^2 \mathrm{d}\nu \, \mathrm{d}\xi \, \mathrm{d}K$$

$$= \int_0^S \int_0^{S-x} \int_0^S \int_0^y \left(\frac{\partial^2 u(\xi, \nu)}{\partial \xi \, \partial \nu}\right)^2 \mathrm{d}\nu \, \mathrm{d}\xi \, \mathrm{d}y \, \mathrm{d}x.$$

Wir setzen den Integranden nun symmetrisch auf K^* fort (s.

Abb. 29). Das führt zu

$$J_1 \leqq \frac{S}{2} \int_0^S \int_0^S \int_0^S \left(\frac{\partial^2 u(\xi, \nu)}{\partial \xi \, \partial \nu} \right)^2 \mathrm{d}\nu \, \mathrm{d}y \, \mathrm{d}\xi$$

$$= \frac{S^2}{2} \int_0^S \int_0^S \left(\frac{\partial^2 u(\xi, \nu)}{\partial \xi \, \partial \nu} \right)^2 \mathrm{d}\nu \, \mathrm{d}\xi,$$

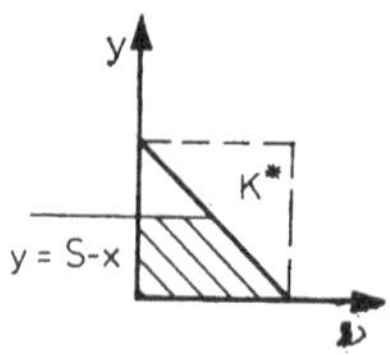

Abb. 29

also

$$J_1 \leqq S^2 \int_K \left(\frac{\partial^2 u(x, y)}{\partial x \, \partial y} \right)^2 \mathrm{d}K .$$

Weiter gilt (s. Abb. 30)

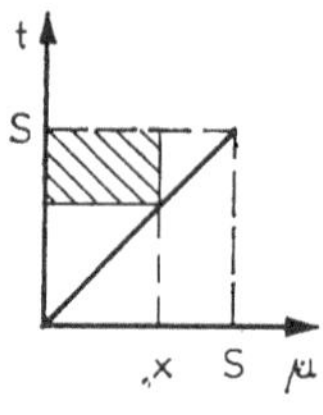

Abb. 30

$$J_2 = \int_0^S \int_0^{S-x} \int_0^S \int_\xi^x \left(\frac{\partial^2 u(\mu, y)}{\partial \mu^2} \right)^2 \mathrm{d}\mu \, \mathrm{d}\xi \, \mathrm{d}y \, \mathrm{d}x,$$

$$\leqq S \int_0^S \int_0^{S-x} \int_0^x \left(\frac{\partial^2 u(\mu, y)}{\partial \mu^2} \right)^2 \mathrm{d}\mu \, \mathrm{d}y \, \mathrm{d}x .$$

Daraus folgt

$$J_2 \leqq \frac{S}{2} \int_0^S \left(\int_0^S \int_0^S \frac{\partial^2 u(\mu, t)}{\partial \mu^2} \, \mathrm{d}t \, \mathrm{d}\mu \right) \mathrm{d}x,$$

also wieder

$$J_2 \leqq \frac{S^2}{2} \int_K \left(\frac{\partial^2 u(x, y)}{\partial x^2} \right)^2 \mathrm{d}K.$$

Insgesamt hat man also

$$\int_K \left(\frac{\partial}{\partial x} (u - u_p) \right)^2 \mathrm{d}K \leqq S^2 \int_K \left[\left(\frac{\partial^2 u}{\partial x^2} \right)^2 + \left(\frac{\partial^2 u}{\partial x \, \partial y} \right)^2 \right] \mathrm{d}K,$$

dies kann man noch nach oben weiter abschätzen:

$$\int_K \left(\frac{\partial}{\partial x} (u - u_p) \right)^2 \mathrm{d}K \leqq S^2 \left(\int_K \left[\left(\frac{\partial^2 u}{\partial x^2} \right)^2 + 2 \left(\frac{\partial^2 u}{\partial x \, \partial y} \right)^2 + \left(\frac{\partial^2 u}{\partial y^2} \right)^2 \right] \mathrm{d}K \right)^2 = S^2 (\|u\|_2)^2. \tag{A$_1$}$$

Analog gewinnt man durch Vertauschung von x und y die Abschätzung

$$\int_K \left(\frac{\partial}{\partial y} (u - u_p) \right)^2 \mathrm{d}K \leqq S^2 \left(\int_K \left[\left(\frac{\partial^2 u}{\partial x^2} \right)^2 + 2 \left(\frac{\partial^2 u}{\partial x \, \partial y} \right)^2 + \left(\frac{\partial^2 u}{\partial y^2} \right)^2 \right] \mathrm{d}K \right)^2. \tag{A$_2$}$$

Es sei $(u - u_p)(x, y) = u(x, y) - u_p(x, y)$. Dann folgt aus der Darstellung

$$(u - u_p)(x, y) = (u - u_p)(x, y) - (u - u_p)(x, 0) + (u - u_p)(x, 0) - (u - u_p)(0, 0)$$

die Beziehung

$$(u - u_p)(x, y) = \int_0^y \frac{\partial (u - u_p)}{\partial \eta} (x, \eta) \, \mathrm{d}\eta + \int_0^x \frac{\partial (u - u_p)}{\partial \xi} (\xi, 0) \, \mathrm{d}\xi$$

bzw.

$$(u - u_p)(x, y) = \int_0^y \frac{\partial(u - u_p)}{\partial\eta}(x, \eta)\,d\eta$$

$$+ \int_0^x \frac{\partial(u - u_p)}{\partial\xi}(\xi, y)\,d\xi - \int_0^x \int_0^y \frac{\partial^2 u}{\partial\xi\,\partial\eta}(\xi, \eta)\,d\eta\,d\xi. \qquad (I_2)$$

Die Abschätzungen (A_1), (A_2) liefern dann eine Abschätzung für $\int_K (u - u_p)^2\,dK$. Durch z. B. Grenzwertbetrachtungen kann man zeigen, daß die gewonnenen Ergebnisse nicht nur für zweimal differenzierbare Funktionen gelten, sondern für jede Funktion $u \in \mathbf{H}^2(K)$. Ersetzt man noch S durch die maximale Seitenlänge $h = S\sqrt{2}$, so folgt

Lemma 4.1: *Für jede Funktion $u \in \mathbf{H}^2(K)$ existiert eine auf K lineare Funktion u_p mit*

$$\|u - u_p\|_0 \leqq Ch^2\,\|u\|_2,$$

$$\|u - u_p\|_1 \leqq Ch\,\|u\|_2,$$

C ist unabhängig von h.

Die Aussage des Lemmas bleibt richtig, wenn ein von achsenparallelen Geraden begrenztes Gebiet durch gleichschenklige rechtwinklige Dreiecke (Katheten parallel zu den Achsen) zerlegt wird, h ist dann die maximale Seitenlänge.

Wir übertragen jetzt diese Abschätzungen der Approximationsordnung auf die Approximation einer Funktion $u \in \mathbf{H}^2(\Omega)$ durch stückweise lineare Ansatzfunktionen bei Zerlegung von Ω mit Hilfe beliebiger Dreiecke.

Sei K_i ein beliebiges Dreieck der Zerlegung von Ω (s. Abb. 31), h_i sei die maximale Seitenlänge von K_i, h das Maximum aller h_i. Wir bilden K_i wie in 2.2 ab auf ein Einheitsdreieck in der ξ, η-Ebene. Es war (vgl. 2.2)

$$x = x_1 + (x_2 - x_1)\,\xi + (x_3 - x_1)\,\eta,$$

$$y = y_1 + (y_2 - y_1)\,\xi + (y_3 - y_1)\,\eta$$

bzw.

$$\xi = \frac{(y_3 - y_1)(x - x_1) - (x_3 - x_1)(y - y_1)}{(y_3 - y_1)(x_2 - x_1) - (x_3 - x_1)(y_2 - y_1)},$$

$$\eta = \frac{(y_2 - y_1)(x - x_1) - (x_2 - x_1)(y - y_1)}{(y_2 - y_1)(x_3 - x_1) - (x_2 - x_1)(y_3 - y_1)}.$$

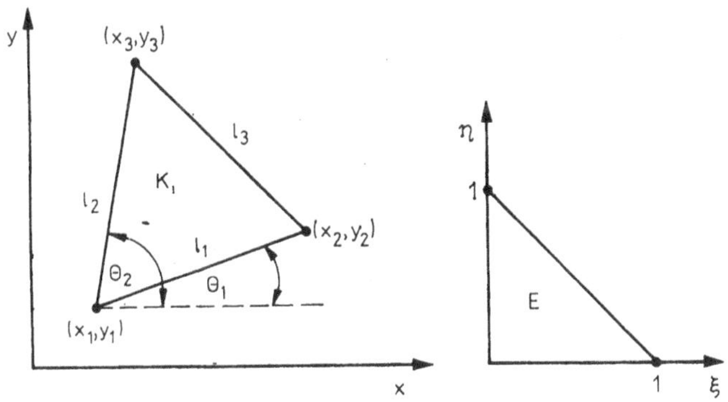

Abb. 31

u_p sei die stückweise lineare Funktion mit $u_p(b_j) = u(b_j)$ in sämtlichen Knoten b_j. Für Funktionen $u \in \mathbf{H}^k$ ist es nicht unbedingt sinnvoll, von Funktionswerten in einem Punkt zu sprechen. Im zweidimensionalen Fall mit $u \in \mathbf{H}^2$ sichern aber die sogenannten Sobolewschen Einbettungssätze, daß u stetig ist und damit $u(b_j)$ einen Sinn hat. Um eine Abschätzung für

$$\|u - u_p\|^2_{\mathbf{L}^2(\Omega)} = \sum_{i=1}^{M} \|u - u_p\|^2_{\mathbf{L}^2(K_i)} = \sum_{i=1}^{M} \int_{K_i} (u - u_p)^2 \, \mathrm{d}K_i$$

zu gewinnen, gehen wir aus von $\int_{K_i} (u - u_p)^2 \, \mathrm{d}K_i$ und führen eine Variablentransformation aus. Wir ersetzen x, y nach den obigen Formeln durch ξ, η, so daß K_i übergeht in E. Im Integranden kommt dann als Faktor der Betrag der Funktionaldeterminante hinzu. In 2.2 haben wir uns überlegt, daß die Funktionaldeterminante eine Konstante ist, diese ist gleich dem zweifachen Flächeninhalt von K_i. Damit gilt

$$\int_{K_i} \big(u(x, y) - u_p(x, y)\big)^2 \, \mathrm{d}K_i = D_i \int_E \big(u(\xi, \eta) - u_p(\xi, \eta)\big)^2 \, \mathrm{d}E\,.$$

Jetzt benutzen wir die bei der Herleitung von Lemma 4.1 gewonnenen Abschätzungen (mit $S = 1$). Es folgt

$$\int_{K_i} (u(x, y) - u_p(x, y))^2 \,\mathrm{d}K_i \leqq C\,|D_i| \int_E \left[\left(\frac{\partial^2 u}{\partial \xi^2}\right)^2 + 2\left(\frac{\partial^2 u}{\partial \xi\, \partial \eta}\right)^2 + \left(\frac{\partial^2 u}{\partial \eta^2}\right)^2\right] \mathrm{d}E .$$

Nun transformieren wir zurück auf x-y-Koordinaten. Die entsprechende Funktionaldeterminante ist gleich dem reziproken Wert der obigen Funktionaldeterminante, also

$$\begin{vmatrix} \dfrac{\partial \xi}{\partial x} & \dfrac{\partial \xi}{\partial y} \\ \dfrac{\partial \eta}{\partial x} & \dfrac{\partial \eta}{\partial y} \end{vmatrix} = \frac{1}{D_i} .$$

Wir müssen jetzt aber noch die Ableitungen des Integranden umrechnen und erhalten

$$\begin{aligned} u_{\xi\xi} &= x_\xi{}^2 u_{xx} + 2 x_\xi y_\xi u_{xy} + y_\xi{}^2 u_{yy} , \\ u_{\eta\eta} &= x_\eta{}^2 u_{xx} + 2 x_\eta y_\eta u_{xy} + y_\eta{}^2 u_{yy} , \\ u_{\xi\eta} &= x_\xi x_\eta u_{xx} + (x_\xi y_\eta + y_\xi x_\eta)\, u_{xy} + y_\xi y_\eta u_{yy} . \end{aligned}$$

Wir benutzen nun die Schwarzsche Ungleichung für Summen

$$\left(\sum_{i=1}^{n} a_i b_i\right)^2 \leqq \left(\sum_{i=1}^{n} a_i{}^2\right) \cdot \left(\sum_{i=1}^{n} b_i{}^2\right)$$

und folgern

$$\begin{aligned} u_{\xi\xi}^2 &\leqq (x_\xi{}^2 + y_\xi{}^2)^2\, (u_{xx}^2 + 2 u_{xy}^2 + u_{yy}^2) , \\ u_{\eta\eta}^2 &\leqq (x_\eta{}^2 + y_\eta{}^2)^2\, (u_{xx}^2 + 2 u_{xy}^2 + u_{yy}^2) , \\ 2 u_{\xi\eta}^2 &\leqq (x_\xi{}^2 + x_\eta{}^2 + y_\xi{}^2 + y_\eta{}^2)^2\, (u_{xx}^2 + 2 u_{xy}^2 + u_{yy}^2) , \end{aligned}$$

also insgesamt

$$u_{\xi\xi}^2 + 2 u_{\xi\eta}^2 + u_{\eta\eta}^2 \leqq 2 (x_\xi{}^2 + x_\eta{}^2 + y_\xi{}^2 + y_\eta{}^2)^2 \times (u_{xx}^2 + 2 u_{xy}^2 + u_{yy}^2) .$$

Die Berücksichtigung dieser Ungleichung führt zu

$$\int_{K_i} (u - u_p)^2 \, \mathrm{d}K_i \leqq C(x_\xi^2 + x_\eta^2 + y_\xi^2 + y_\eta^2)^2$$
$$\times \int_{K_i} \left[\left(\frac{\partial^2 u}{\partial x^2} \right)^2 + 2 \left(\frac{\partial^2 u}{\partial x \, \partial y} \right)^2 + \left(\frac{\partial^2 u}{\partial y^2} \right)^2 \right] \mathrm{d}K_i .$$

Letztlich haben wir

$$x_\xi^2 = (x_2 - x_1)^2 \leqq l_1^2, \qquad x_\eta^2 = (x_3 - x_1)^2 \leqq l_2^2,$$
$$y_\xi^2 = (y_2 - y_1)^2 \leqq l_1^2, \qquad y_\eta^2 = (y_3 - y_1)^2 \leqq l_2^2,$$

also

$$\int_{K_i} (u - u_p)^2 \, \mathrm{d}K_i \leqq C\big(\max (l_1, l_2)\big)^4 \, \|u\|_{2,K_i}^2 .$$

Summation über die K_i ergibt

$$\|u - u_p\|_{\mathbf{L}^2(\Omega)}^2 \leqq Ch^4 \, \|u\|_{2,\Omega}^2$$

bzw.

$$\|u - u_p\|_0 \leqq Ch^2 \|u\|_2 .$$

Dies ist das angestrebte Approximationsergebnis in der $\mathbf{L}^2$-Norm.

Nun zur Abschätzung in der $\mathbf{H}^1$-Norm. Wir gehen aus von

$$\int_{K_i} \left(\frac{\partial}{\partial x} (u - u_p) \right)^2 \mathrm{d}K_i$$

und transformieren auf ξ-η-Koordinaten. Zunächst gilt

$$u_x = \xi_x u_\xi + \eta_x u_\eta ;$$

die Schwarzsche Ungleichung für Summen liefert

$$u_x^2 \leqq (\xi_x^2 + \eta_x^2) \, (u_\xi^2 + u_\eta^2) .$$

Folglich erhalten wir

$$\int_{K_i} \left(\frac{\partial}{\partial x} (u - u_p) \right)^2 \mathrm{d}K_i \leqq |D_i| \, (\xi_x^2 + \eta_x^2)$$
$$\times \int_E \left[\left(\frac{\partial}{\partial \xi} (u - u_p) \right)^2 + \left(\frac{\partial}{\partial \eta} (u - u_p) \right)^2 \right] \mathrm{d}E .$$

Mit dem Integral verfahren wir genau wie eben bei der L^2-Abschätzung und kommen zu

$$\int_{K_i} \left(\frac{\partial}{\partial x}(u - u_p)\right)^2 dK_i \leq C(\max(l_1, l_2))^4 (\xi_x^2 + \eta_x^2) \|u\|_{2,K_i}^2.$$

Nun ist

$$\xi_x = \frac{y_3 - y_1}{D_i}, \quad \text{also} \quad \xi_x^2 \leq \frac{l_2^2}{l_1^2 l_2^2 \sin\theta} = \frac{1}{l_1^2 \sin\theta}$$

mit dem Innenwinkel $\theta = \theta_2 - \theta_1$ des Dreiecks K_i (s. Abb. 31). Analog gilt

$$\eta_x^2 \leq \frac{1}{l_2^2 \sin\theta}.$$

Folglich erhalten wir

$$\int_{K_i} \left(\frac{\partial}{\partial x}(u - u_p)\right)^2 dK_i \leq C \frac{(\max(l_1, l_2))^4}{(\min(l_1, l_2))^2 \sin\theta} \|u\|_{2,K_i}^2.$$

Sei $\tilde{\theta}$ der kleinste Winkel im Dreieck K_i, $\tilde{h}_i$ die minimale Seitenlänge. Dann gilt

$$\tilde{h}_i \geq \frac{h_i}{2} \sin\tilde{\theta}.$$

Daraus folgt

$$\int_{K_i} \left(\frac{\partial}{\partial x}(u - u_p)\right)^2 dK_i \leq \tilde{C} \frac{h^2}{(\sin\tilde{\theta})^2} \|u\|_{2,K_i}^2.$$

Summation über die K_i liefert

Satz 4.2: *Sei h der maximale Durchmesser aller Dreiecke der Zerlegung, θ^* der minimale Innenwinkel. Dann gilt die Approximationsaussage*

$$\|u - u_p\|_0 \leq C_1 h^2 \|u\|_2,$$

$$\|u - u_p\|_1 \leq C_2 h \|u\|_2$$

für jede Funktion $u \in \mathbf{H}^2$. $C_{1,2}$ sind von h unabhängig; C_1 ist unabhängig von θ^*, C_2 genügt der Abschätzung

$$C_2 \leq \frac{C}{(\sin\theta^*)^2}.$$

4.2.3. Fehlerabschätzungen für Dreieckelemente vom Typ 1

Wir gehen davon aus, daß die Voraussetzungen des Satzes 2.1 erfüllt sind und daß die Lösung unserer Variationsgleichung im $\mathbf{H}^2$ liegt. Der Satz 4.1 liefert dann

$$\|u - u_h\|_1 \leqq C \inf_{v_h \in V_h} \|u - v_h\|_1 .$$

Nun gilt aber entsprechend Satz 4.2

$$\inf_{v_h \in V_h} \|u - v_h\|_1 \leqq \|u - u_p\|_1 \leqq C_2 h \, \|u\|_2 ,$$

also hat man insgesamt die Fehlerabschätzung

$$\|u - u_h\|_1 \leqq Ch \, \|u\|_2$$

für das Verfahren der finiten Elemente bei Dreieckelementen vom Typ 1.

Die erste Approximationsaussage in Satz 4.2 legt die Vermutung nahe, daß

$$\|u - u_h\|_0 \leqq Ch^2 \, \|u\|_2$$

gilt. Der Beweis erfordert aber einen zusätzlichen Trick (den sogenannten Dualitätstrick) und zusätzliche Voraussetzungen. Wir betrachten den Spezialfall eines homogenen Dirichlet-Problems für die Laplacesche Differentialgleichung in einem konvexen Gebiet. z sei die Lösung der Hilfsaufgabe

$$-\Delta z = u - u_h \quad \text{in } \Omega , \qquad z = 0 \quad \text{auf } \Gamma .$$

Dann gilt

$$\|u - u_h\|_0^2 = \int_\Omega (u - u_h)^2 \, d\Omega = - \int_\Omega (u - u_h) \, \Delta z \, d\Omega .$$

Die Anwendung des Gaußschen Integralsatzes liefert (vgl. 1.2)

$$\|u - u_h\|_0^2 = \int_\Omega \left[\frac{\partial (u - u_h)}{\partial x} \frac{\partial z}{\partial x} + \frac{\partial (u - u_h)}{\partial y} \frac{\partial z}{\partial y} \right] d\Omega .$$

Grundsätzlich gilt (vgl. 4.1)

$$a(u - u_h, v_h) = 0 \quad \text{für alle} \quad v_h \in V_h .$$

In unserem Spezialfall bedeutet dies

$$\int_\Omega \left[\frac{\partial(u - u_h)}{\partial x}\frac{\partial v_h}{\partial x} + \frac{\partial(u - u_h)}{\partial y}\frac{\partial v_h}{\partial y}\right] d\Omega = 0$$

für alle $v_h \in V_h$.

Sei z_p die stückweise lineare Funktion, die in den Knoten mit z übereinstimmt. Dann können wir $v_h = z_p$ wählen und in der eben hergeleiteten Beziehung für $\|u - u_h\|_0^2$ Null subtrahieren:

$$\|u - u_h\|_0^2 = \int_\Omega \left[\frac{\partial(u - u_h)}{\partial x}\frac{\partial(z - z_p)}{\partial x} + \frac{\partial(u - u_h)}{\partial y}\frac{\partial(z - z_p)}{\partial y}\right] d\Omega.$$

Die Schwarzsche Ungleichung (2.4) führt zu

$$\|u - u_h\|_0^2 \leqq \sqrt{\int_\Omega \left[\left(\frac{\partial(u - u_h)}{\partial x}\right)^2 + \left(\frac{\partial(u - u_h)}{\partial y}\right)^2\right] d\Omega} \times \sqrt{\int_\Omega \left[\left(\frac{\partial(z - z_p)}{\partial x}\right)^2 + \left(\frac{\partial(z - z_p)}{\partial y}\right)^2\right] d\Omega}.$$

Ersetzt man jeden Faktor der rechten Seite durch die entsprechende $\mathbf{H}^1$-Norm, so wird die rechte Seite höchstens größer, es gilt also

$$\|u - u_h\|_0^2 \leqq \|u - u_h\|_1 \cdot \|z - z_p\|_1 .$$

Nun berücksichtigen wir einerseits die bereits abgeleitete Fehlerabschätzung

$$\|u - u_h\|_1 \leqq Ch \, \|u\|_2 ,$$

andererseits gemäß Satz 4.2 die Approximationsaussage

$$\|z - z_p\|_1 \leqq Ch \, \|z\|_2 .$$

Das liefert

$$\|u - u_h\|_0^2 \leqq Ch^2 \, \|u\|_2 \, \|z\|_2 .$$

z hängt natürlich gemäß der Konstruktion der Hilfsaufgabe von $u - u_h$ ab. Nach der Theorie elliptischer Differentialgleichungen liegt die Lösung der Laplaceschen Differentialgleichung mit homogenen Dirichlet-Bedingungen in einem konvexen Gebiet im Raum $\mathbf{H}^2$, zudem gilt die Abschätzung

$$\|z\|_2 \leqq C \|u - u_h\|_0 .$$

Damit erhalten wir die angestrebte Fehlerabschätzung in der $\mathbf{L}^2$-Norm

$$\|u - u_h\|_0 \leqq Ch^2 \|u\|_2 .$$

4.3. *Zusammenfassung der Resultate*

V sei der Funktionenraum $\mathbf{H}_0^1(\Omega)$ oder $\mathbf{H}^1(\Omega)$ oder ein Raum zwischen diesen beiden Räumen, für das Ausgangsproblem

$$a(u, v) = f(v) \quad \text{für alle} \quad v \in V$$

seien die Voraussetzungen des Satzes 2.1 erfüllt. Es sei V_h ein endlichdimensionaler Teilraum von V von stetigen Funktionen, u_h genüge

$$a(u_h, v_h) = f(v_h) \quad \text{für alle} \quad v_h \in V_h .$$

Ω sei ein beschränktes polygonales Gebiet, wir setzen grundsätzlich voraus, daß die auftretenden Integrale exakt berechnet werden.

Für die Art und Weise der Zerlegung von Ω bei immer feiner werdender Vernetzung treffen wir eine grundsätzliche Voraussetzung, die in diesem Kapitel stets erfüllt sein möge. Es sei h_K der Durchmesser des Elementes K, also der maximale Abstand zweier Punkte aus K. ϱ_K sei der Durchmesser des größten in K enthaltenen Kreises (s. Abb. 32)

(Z 5) Die Zerlegung sei *regulär*, d. h.

$$h = \max h_K$$

konvergiere gegen Null, wenn die Anzahl der Elemente gegen Unendlich strebt, und es gelte

$$\frac{h_K}{\varrho_K} \leqq \sigma \quad \text{für alle } K .$$

Für Dreieckzerlegungen bedeutet (Z 5), daß die maximale Seitenlänge aller Dreiecke gegen Null konvergiert und der minimale Innenwinkel aller Dreiecke eine positive Schranke nicht unterschreitet. Bei Zerlegungen durch Parallelogramme bedeutet (Z 5), daß für die Dreieckzerlegung, die man aus der Parallelogrammzerlegung durch Zerlegung jedes Parallelogramms in zwei Dreiecke durch eine Diagonale erhält, wieder (Z 5) gilt.

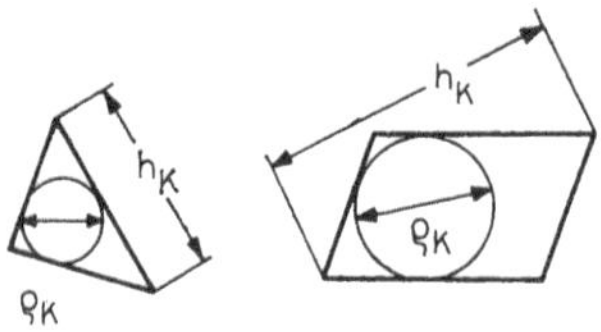

Abb. 32

Wir treffen eine zweite grundsätzliche Voraussetzung über die verwendeten finiten Elemente.

(Z 6) Alle finiten Elemente seien von gleichem Typ.

Das bedeutet, daß alle Elemente der Zerlegung geometrisch vom gleichen Typ sind und auf jedem Element K Formfunktionen von gleichem Typ verwendet werden. Ausgeschlossen wird damit die gleichzeitige Verwendung von Rechteck- und Dreieckelementen (s. Abb. 33), obwohl dies praktisch Vorteile bieten würde und auch eine theoretische Analyse möglich wäre.

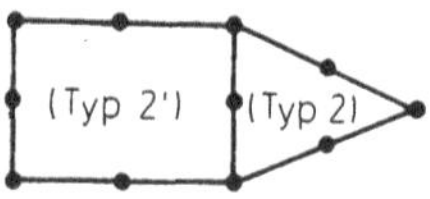

Abb. 33

Erster Konvergenzsatz: *Sind die Polynome ersten Grades in den Formfunktionen enthalten, so gilt*

$$\lim_{h \to 0} \|u - u_h\|_1 = 0 .$$

Da die praktisch verwendeten Formfunktionen diese Eigenschaft immer besitzen, ist also (unter den Voraussetzungen Z 5, Z 6) die Konvergenz des Verfahrens der finiten Elemente in der $\mathbf{H}^1$-Norm stets gesichert. Die Konvergenzgeschwindigkeit hängt nun ab von den verwendeten Formfunktionen und den Glätteeigenschaften der exakten Lösung.

Zweiter Konvergenzsatz: *Es gelte $P_k \subset P_K$, die Lösung u des Ausgangsproblems liege im $\mathbf{H}^{k+1}$ ($k \geqq 1$). Dann gilt*

$$\|u - u_h\|_1 \leqq Ch^k,$$

also erst recht

$$\|u - u_h\|_0 \leqq Ch^k.$$

Unter zusätzlichen Regularitätsvoraussetzungen erhält man sogar

$$\|u - u_h\|_0 \leqq Ch^{k+1}.$$

Die Konstante C ist insbesondere abhängig von der Norm der exakten Lösung und von der Konstanten σ in der Voraussetzung (Z 5). Bei einer Dreiecksvernetzung strebt C gegen unendlich, wenn der minimale Dreieckswinkel gegen Null strebt!

Der zweite Konvergenzsatz zeigt, daß es nicht unbedingt möglich ist, die Genauigkeit zu erhöhen, indem man den Grad der verwendeten Polynome erhöht. Ist z. B. sicher, daß die Lösung u zwar im $\mathbf{H}^2$ liegt, aber in keinem „besseren" Raum, so liefert die Verwendung linearer Ansatzfunktionen $\|u - u_h\|_1 \leqq Ch$, die Ordnung des Fehlers erhöht sich bei quadratischen Ansatzfunktionen nicht notwendig.

Die Aussage des zweiten Konvergenzsatzes ist nur von Bedeutung, wenn die exakte Lösung mindestens im $\mathbf{H}^2$ liegt. Leider ist das für die von uns betrachteten Probleme (wir denken an die Beispiele in 2.1) nicht garantiert. Man kann grob folgende Glätteaussagen treffen:

1. Ist das Gebiet konvex und hat man auf dem ganzen Rand eine Randbedingung vom gleichen Typ, so liegt die Lösung im $\mathbf{H}^2$.
2. Die Lösung liegt i. allg. nicht im $\mathbf{H}^2$, wenn in Randpunkten, wo Dirichlet-Bedingungen und Neumann-Bedingungen aufeinandertreffen, der Rand einen inneren Öffnungswinkel hat, der nicht kleiner als $\frac{\pi}{2}$ ist.

Ist also z. B. das Gebiet nicht konvex, (s. Abb. 34) oder stoßen in einem „stumpfen" Eckpunkt unterschiedliche Randbedingungen zusammen, so kann man eine Konvergenzgeschwindigkeit gemäß dem zweiten Konvergenzsatz nicht erwarten.

Zu den im zweiten Konvergenzsatz erwähnten zusätzlichen Regularitätsvoraussetzungen für die Gültigkeit der Abschätzung

$$\|u - u_h\|_0 \leqq Ch^{k+1}$$

ist folgendes zu sagen: Sei $f(v) = \int_\Omega gv \, d\Omega = (g, v)$ mit $g \in \mathbf{L}^2$ und z die Lösung der Hilfsaufgabe

$$a(v, z) = (g, v) \quad \text{für alle} \quad v \in V.$$

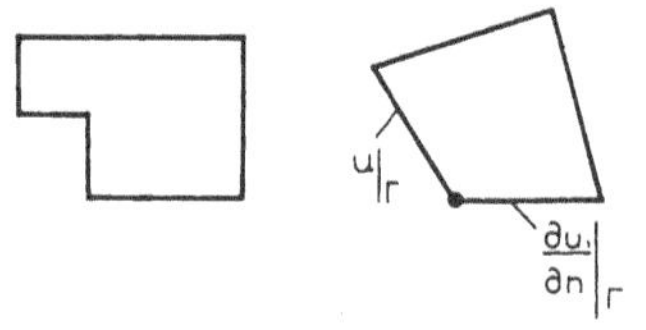

Abb. 34

Dann ist die obige Abschätzung richtig, wenn z im Raum $\mathbf{H}^2$ liegt und die Abschätzung

$$\|z\|_2 \leqq C \|g\|_0$$

gilt. Ist Ω konvex, so ist diese zusätzliche Regularitätsvoraussetzung z. B. für homogene Dirichlet-Probleme oder für homogene Neumann-Probleme erfüllt.

Zu bemerken ist noch, daß die Aussagen der beiden ersten Konvergenzsätze sinngemäß auch für dreidimensionale Aufgaben richtig sind.

Praktisch vielleicht anzustrebende Konvergenzaussagen in der Maximumnorm

$$\|v\|_\infty = \sup_{(x,y) \in \Omega} |v(x, y)|$$

sind problematisch. Zum einen ist ihre Herleitung oft kompliziert, zum anderen verlangen sie starke Voraussetzungen an die Glätte der Lösung. Oft sind z. B. Forderungen an die Glätte des Randes des Gebietes notwendig, und zwar solche Forderungen, die für Gebiete mit Ecken (die praktisch häufig auftreten) nicht erfüllt sind. Deswegen skizzieren wir nur ein konkretes Resultat. Betrachtet wird das spezielle Problem

$$-\Delta u = f \quad \text{in } \Omega. \qquad u = 0 \quad \text{auf } \Gamma.$$

Ω sei wie immer ein zweidimensionales Polygon, zusätzlich konvex, und von f fordern wir, daß f eine stetige Funktion ist. Die Zerlegung des Gebietes sei regulär, (Z 5) sei also erfüllt; alle Elemente seien von gleichem Typ und zudem gelte

$$\text{(Z 7)} \qquad \frac{h}{h_K} \leqq \sigma^* \quad \text{für alle } K.$$

Während man für Dreieckzerlegungen (Z 5) auch so interpretieren kann, daß man jedes Dreieck in einen Kreis mit dem Radius $c_1 h$ einschließen kann, bedeutet (Z 7) nun, daß jedes Dreieck einen Kreis mit dem Radius $c_2 h$ enthält.

Dritter Konvergenzsatz: *Sei $P_K = P_k$ $(k \geqq 1)$. Dann gilt die Fehlerabschätzung*

$$\|u - u_h\|_\infty \leqq Ch^{k+1}, \quad \text{wenn} \quad k \geqq 2$$

$$\|u - u_h\|_\infty \leqq Ch^2 \, |\ln h|, \quad \text{wenn} \quad k = 1.$$

Für dreidimensionale Aufgaben bleibt die erste Abschätzung richtig, in der zweiten ändert sich die Potenz des Logarithmus. Lange war unklar, ob der Faktor $|\ln h|$ wirklich notwendig ist, 1983 wurde diese Frage von Haverkamp [30] positiv entschieden.

5. Numerische Integration

5.1. Allgemeine Bemerkungen

Die Berechnung von Elementmatrizen und die Berechnung des Beitrages jedes Elements zum Vektor $[f_j]$ des diskreten Problems erfordert die Ausführung einer Integration über das Element K. Oft ist es nicht möglich oder nicht zweckmäßig, die entsprechenden Integrale exakt zu berechnen; man verwendet Formeln zur näherungsweisen Integration.

Wir setzen voraus, daß alle Elemente K mit Hilfe einer linearen Transformation eineindeutig auf ein Einheitselement E abgebildet werden können, E sei ein Einheitsdreieck oder ein Einheitsquadrat in der ξ-η-Ebene. Unter einer *Quadraturformel* zur näherungsweisen Berechnung des Integrals $\int\limits_E \varphi(\xi, \eta)\, \mathrm{d}E$ versteht man eine Ersetzung des Integrals durch eine Summe der Form $\sum\limits_{\nu=1}^{L} \omega_\nu \varphi(\xi_\nu, \eta_\nu)$.

Wir schreiben symbolisch

$$\int_E \varphi(\xi, \eta) \, \mathrm{d}E \approx \sum_{\nu=1}^{L} \omega_\nu \varphi(\xi_\nu, \eta_\nu), \tag{5.1}$$

die ω_ν heißen *Gewichte* (sie seien grundsätzlich positiv), die Punkte (ξ_ν, η_ν) heißen *Stützstellen* (sie mögen grundsätzlich in E liegen).

Ein Beispiel einer Quadraturformel für das Einheitsdreieck ist

$$\int_E \varphi(\xi, \eta) \, \mathrm{d}E \approx \frac{1}{24} [\varphi(0, 0) + \varphi(0, 1) + \varphi(1, 0)] + \frac{3}{8} \varphi\left(\frac{1}{3}, \frac{1}{3}\right). \tag{5.2}$$

Berechnet man mit dieser Quadraturformel etwa

$$\int_E \left(\frac{2}{1 + \xi + \eta}\right)^2 \mathrm{d}E,$$

so erhält man den Näherungswert 0,79 für den exakten Wert (vierstellig) 0,7726.

Es reicht aus, eine Quadraturformel für das Einheitselement anzugeben, denn nach der Transformationsformel für Flächenintegrale gilt

$$\int_K \varphi(x, y) \, \mathrm{d}K = D \cdot \int_E \varphi^*(\xi, \eta) \, \mathrm{d}E,$$

und man kann nun (5.1) verwenden, um das Integral über K näherungsweise zu berechnen.

Die entscheidende Frage ist: Wie muß man die Quadraturformel wählen, damit der Quadraturfehler in Einklang steht mit dem Approximationsfehler (gemäß Kap. 4)? Wählt man eine zu grobe Quadraturformel, so übertrifft der Quadraturfehler den Approximationsfehler und der Gesamtfehler ist unnötig groß. Wählt man eine zu genaue Quadraturformel, so wird der Quadraturfehler den Gesamtfehler kaum beeinflussen, dafür wird aber der Rechenaufwand unnötig hoch.

Im Abschnitt 5.2 gehen wir auf diese Frage für Dreieckelemente vom Typ 1 im einzelnen ein. Im Abschnitt 5.3 geben wir die aus der Theorie der Methode der finiten Elemente folgenden Resultate allgemein an, es folgt eine Übersicht „passender" Integrationsformeln.

5.2. Ein Beweis einer Fehlerabschätzung für Dreieckelemente vom Typ 1

Sei Ω ein zweidimensionales Polygon, das Ausgangsproblem sei wie immer dadurch gekennzeichnet, daß die Voraussetzungen des Satzes 2.1 erfüllt sind. Das stetige Problem ist also

$$a(u, v) = f(v) \quad \text{für alle} \quad v \in V, \tag{5.3}$$

das diskrete Problem

$$a(u_h, v_h) = f(v_h) \quad \text{für alle} \quad v_h \in V_h \subset V.$$

Wendet man nun Quadraturformeln an, so verändern sich i. allg. die Bilinearform und die Linearform im diskreten Problem.

Wir untersuchen jetzt folgenden Fall: Verwendet werden Dreieckelemente vom Typ 1, die Bilinearform ändere sich nicht (besitzt der Differentialausdruck etwa konstante Koeffizienten, so kann man die Integrale exakt auswerten, vgl. 2.2), die Linearform sei $f(v_h) = \int\limits_\Omega g v_h \, d\Omega$, dieses Integral werde mit Hilfe einer Quadraturformel näherungsweise berechnet. Durch die Anwendung der Quadraturformel wird aus der Linearform $f(v_h)$ eine andere Linearform $f_h(v_h)$. Das diskrete Problem bei Anwendung der Quadraturformel ist dann

$$a(u_h, v_h) = f_h(v_h) \quad \text{für alle} \quad v_h \in V_h. \tag{5.4}$$

Man kann den Satz 4.1 (Cea) nicht mehr direkt anwenden, sondern muß ihn geeignet modifizieren. Ähnlich wie in Kap. 4 gehen wir aus von

$$\alpha \, \|u_h - v_h\|^2 \leqq a(u_h - v_h, u_h - v_h)$$

und formen die rechte Seite der Ungleichung um:

$$\begin{aligned} \alpha \, \|u_h - v_h\|^2 &\leqq a(u - v_h, u_h - v_h) - a(u - u_h, u_h - v_h) \\ &= a(u - v_h, u_h - v_h) \\ &\quad - [f(u_h - v_h) - f_h(u_h - v_h)] \end{aligned}$$

(bei Berücksichtigung von (5.3), $V_h \subset V$ und (5.4)). Unter Ausnutzung der Stetigkeit der Bilinearform folgt

$$\alpha \, \|u_h - v_h\|^2 \leqq \beta \, \|u - v_h\| \, \|u_h - v_h\| + |f(u_h - v_h) - f_h(u_h - v_h)|$$

bzw.

$$\|u_h - v_h\| \leqq \frac{\beta}{\alpha} \|u - v_h\| + \frac{|f(u_h - v_h) - f_h(u_h - v_h)|}{\|u_h - v_h\|}.$$

Nun ersetzen wir den zweiten Summanden durch sein Supremum, dann gilt die Abschätzung erst recht:

$$\|u_h - v_h\| \leqq \frac{\beta}{\alpha} \|u - v_h\| + \sup_{w_h \in V_h} \frac{|f(w_h) - f_h(w_h)|}{\|w_h\|}.$$

Die Dreiecksungleichung

$$\|u - u_h\| \leqq \|u - v_h\| + \|u_h - v_h\|$$

ergibt

$$\|u - u_h\| \leqq \left(1 + \frac{\beta}{\alpha}\right) \|u - v_h\| + \sup_{w_h \in V_h} \frac{|f(w_h) - f_h(w_h)|}{\|w_h\|}.$$

Da das $v_h \in V_h$ beliebig war, können wir den ersten Summanden durch sein Infimum ersetzen und erhalten letztlich

Lemma 5.1: *Es existiert eine von V_h unabhängige Konstante C, so daß*

$$\|u - u_h\| \leqq C \left\{ \inf_{v_h \in V_h} \|u - v_h\| + \sup_{w_h \in V_h} \frac{|f(w_h) - f_h(w_h)|}{\|w_h\|} \right\}.$$

Man sieht, daß der erste Summand wie in Kap. 4 dem Approximationsfehler entspricht, während der zweite Summand die Güte der Quadraturformel widerspiegelt.

Wir untersuchen den zweiten Summanden für unseren speziellen Fall. Entsprechend (5.1) definieren wir *den Quadraturfehler* Q auf dem Einheitselement als

$$Q(\varphi) = \int_E \varphi(\xi, \eta)\, \mathrm{d}E - \sum_{\nu=1}^{L} \omega_\nu \varphi(\xi_\nu, \eta_\nu).$$

Daraus folgt für die Differenz $f(w_h) - f_h(w_h)$ aus

$$f(w_h) = \int_\Omega g w_h \, \mathrm{d}\Omega = \sum_{\mu=1}^{M} \int_{K_\mu} g w_h \, \mathrm{d}K_\mu = \sum_{\mu=1}^{M} D_\mu \int_E g w_h \, \mathrm{d}E,$$

$$f_h(w_h) = \sum_{\mu=1}^{M} D_\mu \left[\sum_{\nu=1}^{L} \omega_\nu (g w_h) (\xi_\nu, \eta_\nu) \right]$$

die Beziehung

$$f(w_h) - f_h(w_h) = \sum_{\mu=1}^{M} D_\mu Q(g w_h).$$

Wir benötigen nun einen Hilfssatz, den wir nicht beweisen wollen (vgl. [6]).

Lemma 5.2 (Bramble, Hilbert): *Sei $h(v)$ eine stetige Linearform auf dem $\mathbf{H}^1$, die für konstante v verschwindet. Dann existiert eine von v unabhängige Konstante C, so daß*

$$|h(v)| \leqq C\, |v|_{1,\Omega}$$

mit

$$|v|_{1,\Omega} = \left(\int_\Omega \left[\left(\frac{\partial v}{\partial x}\right)^2 + \left(\frac{\partial v}{\partial y}\right)^2\right] \mathrm{d}\Omega\right)^{1/2}.$$

Um Lemma 5.2 anwenden zu können, müssen wir sichern, daß $Q(g w_h)$ eine stetige Linearform auf dem $\mathbf{H}^1$ ist, die für konstante $g w_h$ verschwindet. Dazu setzen wir einmal voraus, daß $g \in \mathbf{H}^1$ gilt, zum anderen, daß der Quadraturfehler für Konstanten gleich Null ist, die Quadraturformel Konstanten also exakt integriert. Dann folgt

$$|f(w_h) - f_h(w_h)| \leqq C \sum_{\mu=1}^{M} |D_\mu| \cdot |g w_h|_{1,E}.$$

Durch Anwendung der Schwarzschen Ungleichung erhalt man

$$|f(w_h) - f_h(w_h)| \leqq C \sum_{\mu=1}^{M} |D_\mu| \left(|g|_{1,E} \, \|w_h\|_{0,E} + \|g\|_{0,E} \, |w_h|_{1,E}\right).$$

Wie in Abschnitt 4.2 ergibt sich durch Transformation der Flächenintegrale und Umrechnung der Ableitungen

$$\|g\|_{0,E} = |D_\mu|^{-1/2} \, \|g\|_{0,K_\mu},$$

$$|g|_{1,E} \leqq Ch \, |D_\mu|^{-1/2} \, |g|_{1,K_\mu}.$$

Daraus folgt

$$|f(w_h) - f_h(w_h)| \leqq Ch \sum_{\mu=1}^{M} \left(|g|_{1,K_\mu} \, \|w_h\|_{0,K_\mu} + \|g\|_{0,K_\mu} \, |w_h|_{1,K_\mu}\right).$$

Die Schwarzsche Ungleichung für Summen liefert

$$|f(w_h) - f_h(w_h)|$$

$$\leqq Ch \sum_{\mu=1}^{M} (|g|_{1,K_\mu}^2 + \|g\|_{0,K_\mu}^2)^{1/2} (\|w_h\|_{0,K_\mu}^2 + |w_h|_{1,K_\mu}^2)^{1/2}.$$

Nun ist aber

$$(|v|_1^2 + \|v\|_0^2)^{1/2} = \|v\|_1,$$

also hat man

$$|f(w_h) - f_h(w_h)| \leqq Ch \, \|g\|_1 \, \|w_h\|_1$$

bzw.

$$\frac{|f(w_h) - f_h(w_h)|}{\|w_h\|_1} \leqq Ch \, \|g\|_1 .$$

Damit besitzt der Quadraturfehler die gleiche Größenordnung wie der Approximationsfehler, wenn man im Fall von Dreieckelementen vom Typ 1 eine Quadraturformel benutzt, die Konstanten exakt integriert.

Satz 5.1: *Es sei $P_K = P_1$, die verwendete Quadraturformel integriere Konstanten exakt. Dann gilt für die Lösung des diskreten Problems* (5.4) *die Fehlerabschätzung*

$$\|u - u_h\|_1 \leqq Ch,$$

wenn zudem

$$f(v) = \int_\Omega gv \, \mathrm{d}\Omega \quad \text{mit} \quad g \in \mathbf{H}^1.$$

Ersetzt man die Bilinearform $a(u_h, v_h)$ durch Anwendung einer Quadraturformel durch die Bilinearform $a_h(u_h, v_h)$, so bekommt man zusätzliche Probleme, weil nicht mehr (durch Satz 2.1) gesichert ist, daß das neue diskrete Problem

$$a_h(u_h, v_h) = f_h(v_h) \quad \text{für alle} \quad v_h \in V_h \tag{5.5}$$

eine eindeutige Lösung besitzt. Man kann zeigen, daß unter den Voraussetzungen von Satz 5.1 das neue diskrete Problem eindeutig lösbar ist und zudem die Aussage des Satzes gültig bleibt, wenn die Koeffizienten des die Bilinearform erzeugenden Differentialausdrucks genügend glatt sind.

5.3. *Eine Übersicht: Passende Integrationsformeln*

Sei Ω ein zweidimensionales Polygon, das Ausgangsproblem

$$a(u, v) = f(v) \quad \text{für alle} \quad v \in V \tag{5.3}$$

mit

$$f(v) = \int_{\Omega} gv \, \mathrm{d}\Omega .$$

Wir setzen voraus, daß die Koeffizienten des die Bilinearform erzeugenden Differentialausdrucks und g genügend glatte Funktionen sind. Weiter mögen die Voraussetzungen des zweiten Konvergenzsatzes aus Abschnitt 4.3. erfüllt sein, bei exakter Berechnung der Integrale gelte also für $P_k \subset P_K$

$$\|u - u_h\|_1 \leqq Ch^k . \tag{5.6}$$

Nun wird die Quadraturformel (5.1) zur näherungsweisen Berechnung der auftretenden Integrale genutzt. Das bedeutet, daß die Bilinearform durch eine andere Bilinearform a_h ersetzt wird, die Linearform durch eine neue Linearform f_h. Das diskrete Problem bei numerischer Integration sei also

$$a_h(u_h, v_h) = f_h(v_h) \quad \text{für alle} \quad v_h \in V_h . \tag{5.5}$$

Wir geben nun im folgenden Bedingungen und Beispiele von Quadraturformeln dafür an, daß das diskrete Problem nach wie vor eine eindeutige Lösung besitzt und die Fehlerabschätzung (5.6) gilt.

Satz 5.2: *Sei $P_K = P_k$, die Quadraturformel integriere Polynome $(2k - 2)$-ten Grades exakt. Dann gilt*

$$\|u - u_h\|_1 \leqq Ch^k .$$

Dieser Satz ist auf Dreieckelemente vom Typ k zugeschnitten. Wir demonstrieren am zweiten Beispiel von Tabelle 9, wie man zu dieser Quadraturformel kommt. In diesem Fall geben wir uns die Stützstellen $\left(\frac{1}{2}, 0\right)$, $\left(0, \frac{1}{2}\right)$, $\left(\frac{1}{2}, \frac{1}{2}\right)$ vor, d. h., wir setzen

$$\int_E \varphi(\xi, \eta) \, \mathrm{d}E \approx \omega_1 \varphi\left(\frac{1}{2}, 0\right) + \omega_2 \varphi\left(0, \frac{1}{2}\right) + \omega_3 \varphi\left(\frac{1}{2}, \frac{1}{2}\right)$$

und bestimmen die Gewichte so, daß die Formel für gewisse

Polynome exakt ist:

$$\varphi \equiv 1 \quad \text{liefert} \quad \frac{1}{2} = \omega_1 + \omega_2 + \omega_3,$$

$$\varphi = \xi \quad \text{ergibt} \quad \frac{1}{6} = \frac{1}{2}\,\omega_1 \qquad + \frac{1}{2}\,\omega_3,$$

$$\varphi = \eta \quad \text{schließlich} \quad \frac{1}{6} = \qquad \frac{1}{2}\,\omega_2 + \frac{1}{2}\,\omega_3.$$

Tabelle 9

Übersicht über Dreieckelemente vom Typ 1, 2

Typ	Quadraturformel (5.1)	exakt für Polynome vom Grad	Fehlerabschätzung
	$\frac{1}{2}\,\varphi\left(\frac{1}{3}, \frac{1}{3}\right)$	1	$\lVert u - u_h \rVert_1 \leqq Ch$
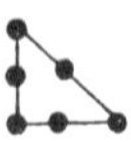	$\frac{1}{6}\left[\varphi\left(\frac{1}{2}, 0\right) + \varphi\left(0, \frac{1}{2}\right) + \varphi\left(\frac{1}{2}, \frac{1}{2}\right)\right]$	2	$\lVert u - u_h \rVert_1 \leqq Ch^2$

Aus diesen drei Gleichungen folgt $\omega_1 = \omega_2 = \omega_3$. Da die Formel für die Polynome 1, ξ, η exakt ist, ist sie für alle Polynome ersten Grades exakt. Wir probieren, wie Polynome zweiten Grades integriert werden. Es gilt

$$\int_E \xi^2 \,\mathrm{d}E = \frac{1}{12} = \frac{1}{6}\left(\frac{1}{4} + \frac{1}{4}\right),$$

$$\int_E \eta^2 \,\mathrm{d}E = \frac{1}{12} = \frac{1}{6}\left(\frac{1}{4} + \frac{1}{4}\right),$$

$$\int_E \xi\eta \,\mathrm{d}E = \frac{1}{24} = \frac{1}{6} \cdot \frac{1}{4};$$

die Formel integriert also alle Polynome zweiten Grades (wie in Tab. 9 vermerkt) exakt. Polynome dritten Grades werden i. allg. nicht exakt integriert, beispielsweise ist

$$\int_E \xi^3 \, \mathrm{d}E = \frac{1}{20} \neq \frac{1}{6}\left(\frac{1}{8} + \frac{1}{8}\right).$$

Satz 5.3: *Sei $P_k \subset P_K \subset P_l$. Die Quadraturformel sei exakt für Polynome $(k + l - 2)$-ten Grades, außerdem enthalte die Menge der Stützstellen der Quadraturformel eine Teilmenge, die Polynome $(l - 1)$-ten Grades eindeutig bestimmt. Dann gilt*

$$\|u - u_h\|_1 \leqq Ch^k.$$

Tabelle 10

Übersicht über Dreieckelemente vom Typ 2*, 3′

Typ	Quadraturformel	exakt für Polynome vom Grad	Fehlerabschätzung
 $k = 2,\ l = 3$	$\frac{1}{120}\Big[3(\varphi(0,0) + \varphi(1,0) + \varphi(0,1)) + 8\left(\varphi\left(\frac{1}{2}, 0\right) + \varphi\left(0, \frac{1}{2}\right) + \varphi\left(\frac{1}{2}, \frac{1}{2}\right)\right)$	3	$\|u - u_h\|_1 \leqq Ch^2$
	$+ 27\varphi\left(\frac{1}{3}, \frac{1}{3}\right)\Big]$	3	$\|u - u_h\|_1 \leqq Ch^2$

Die Zusatzforderung im Satz 5.3 ist für die angegebene Quadraturformel erfüllt, denn Polynome zweiten Grades sind eindeutig bestimmt durch die Vorgabe ihrer Funktionswerte in den Ecken und in den Seitenmitten.

Satz 5.4: *Sei $P_k \subset P_K \subset Q_k$. Die Quadraturformel integriere Funktionen aus dem Q_{2k-1} exakt, außerdem enthalte die Menge der Stützstellen der Quadraturformel eine Teilmenge, die Polynome $(2k - 1)$-ten Grades in Q_k eindeutig bestimmt. Dann gilt*

$$\|u - u_h\|_1 \leqq Ch^k.$$

Dieser Satz ist auf Rechteck- bzw. Parallelogrammelemente zugeschnitten. Wir konstruieren jetzt für die von uns in Abschnitt 2.1 angegebenen Elemente der Typen 1, 2 und 2′ (es gilt $k = 1$ bzw. $k = 2$) Quadraturformeln, die den Voraussetzungen des Satzes 5.4 genügen.

Ein Einheitsquadrat E in der ξ-η-Ebene werde beschrieben durch $-1 \leqq \xi \leqq 1$, $-1 \leqq \eta \leqq 1$. Sei

$$\int_{-1}^{1} \psi(t)\,\mathrm{d}t \approx \sum_{\nu=1}^{L} \omega_\nu \psi(t_\nu) \tag{5.7}$$

(ω_ν positiv, $t_\nu \in [-1, 1]$) eine Quadraturformel für den eindimensionalen Fall, die für Polynome k-ten Grades exakt ist. (5.7) induziert dann eine für Funktionen des Q_k exakte Integrationsformel, und zwar

$$\int_E \varphi(\xi, \eta)\,\mathrm{d}E \approx \sum_{\nu=1}^{L} \sum_{\mu=1}^{L} \omega_\nu \omega_\mu \varphi(t_\nu, t_\mu). \tag{5.8}$$

Ist nämlich $\varphi(\xi, \eta) \in Q_k$, so gilt $\varphi(\xi, \eta) = p_k(\xi)\, q_k(\eta)$ mit Polynomen k-ten Grades in ξ bzw. η. Dann folgt

$$\begin{aligned}\int_E \varphi(\xi, \eta)\,\mathrm{d}E &= \int_E p_k(\xi)\, q_k(\eta)\,\mathrm{d}E \\ &= \int_{-1}^{1} p_k(t)\,\mathrm{d}t \int_{-1}^{1} q_k(t)\,\mathrm{d}t \\ &= \sum_{\nu=1}^{L} \omega_\nu p_k(t_\nu) \sum_{\mu=1}^{L} \omega_\mu q_k(t_\mu) \\ &= \sum_{\nu=1}^{L} \sum_{\mu=1}^{L} \omega_\nu \omega_\mu p_k(t_\nu)\, q_k(t_\mu) = \sum_{\nu=1}^{L} \sum_{\mu=1}^{L} \omega_\nu \omega_\mu \varphi(t_\nu, t_\mu),\end{aligned}$$

d. h., die Quadraturformel (5.8) ist für Polynome vom Typ Q_k exakt. Für unsere Elementbeispiele ($k = 1$, $k = 2$) benötigen wir Quadraturformeln, die für den Q_1 bzw. Q_3 exakt sind. Nach dem eben Beschriebenen liefert (5.8) solche Formeln, wenn (5.7) für den eindimensionalen Fall eine exakte Formel für Polynome ersten bzw. dritten Grades ist.

(5.7) heißt *Formel vom Newton-Cotes-Typ*, wenn man die Stützstellen vorgibt, $\psi(t)$ durch das entsprechende Lagrangesche Interpolationspolynom ersetzt und dieses exakt integriert. Sei z. B. $L = 2$, $t_1 = -1$, $t_2 = 1$. Das Polynom ersten Grades, welches an den Stützstellen t_1, t_2 mit ψ übereinstimmt (das Lagrangesche

Interpolationspolynom) ist

$$p_1(t) = -\frac{1}{2}\,\psi(-1)\,(t-1) + \frac{1}{2}\,\psi(1)\,(t+1).$$

Integration liefert

$$\int_{-1}^{1} p_1(t)\,\mathrm{d}t = \psi(-1) + \psi(1),$$

also ist

$$\int_{-1}^{1} \psi(t)\,\mathrm{d}t \approx \psi(-1) + \psi(1)$$

eine für Polynome ersten Grades exakte Quadraturformel (die sogenannte *Trapezregel*). Diese Formel induziert die Quadraturformel

$$\int_E \varphi(\xi, \eta)\,\mathrm{d}E \approx \varphi(-1, -1) + \varphi(-1, 1) + \varphi(1, -1) + \varphi(1, 1); \tag{5.9}$$

diese Formel ist für Polynome des Q_1 exakt.

Wählt man $L = 4$, $t_1 = -1$ $t_2 = -\frac{1}{3}$, $t_3 = \frac{1}{3}$, $t_4 = 1$, so liefert das Lagrangesche Interpolationspolynom

$$\begin{aligned} p_3(t) = {} & \psi(-1)\,\frac{\left(t+\frac{1}{3}\right)\left(t-\frac{1}{3}\right)(t-1)}{\left(-1+\frac{1}{3}\right)\left(-1-\frac{1}{3}\right)(-1-1)} \\ & + \psi\left(-\frac{1}{3}\right)\frac{(t+1)\left(t-\frac{1}{3}\right)(t-1)}{\left(-\frac{1}{3}+1\right)\left(-\frac{1}{3}-\frac{1}{3}\right)\left(-\frac{1}{3}-1\right)} \\ & + \psi\left(\frac{1}{3}\right)\frac{(t+1)\left(t+\frac{1}{3}\right)(t-1)}{\left(\frac{1}{3}+1\right)\left(\frac{1}{3}+\frac{1}{3}\right)\left(\frac{1}{3}-1\right)} \\ & + \psi(1)\,\frac{(t+1)\left(t+\frac{1}{3}\right)\left(t-\frac{1}{3}\right)}{(1+1)\left(1+\frac{1}{3}\right)\left(1-\frac{1}{3}\right)}, \end{aligned}$$

die für Polynome dritten Grades exakte Formel (die sogenannte $\frac{3}{8}$-*Regel*)

$$\int_{-1}^{1} \psi(t)\,\mathrm{d}t \approx \frac{1}{4}\left[\psi(-1) + 3\psi\left(-\frac{1}{3}\right) + 3\psi\left(\frac{1}{3}\right) + \psi(1)\right].$$

Der Name $\frac{3}{8}$-Regel rührt daher, daß man den Vorfaktor $\frac{1}{4}$ oft schreibt als $\frac{3}{8}\cdot\frac{2}{3}$, $\frac{2}{3}$ ist der Abstand benachbarter Stützstellen. Wieder entsteht gemäß (5.8) eine Quadraturformel, die für Polynome des Q_3 exakt ist:

$$\begin{aligned}\int_E \varphi(\xi,\eta)\,\mathrm{d}E \approx \frac{1}{16}\Bigg[&\varphi(-1,-1) + \varphi(-1,1) + \varphi(1,-1)\\ &+ \varphi(1,1) + 3\left(\varphi\left(-1,\frac{1}{3}\right) + \varphi\left(-1,-\frac{1}{3}\right)\right.\\ &+ \varphi\left(1,\frac{1}{3}\right) + \varphi\left(1,-\frac{1}{3}\right) + \varphi\left(\frac{1}{3},1\right) + \varphi\left(-\frac{1}{3},1\right)\\ &\left.+ \varphi\left(\frac{1}{3},-1\right) + \varphi\left(-\frac{1}{3},-1\right)\right) + 9\left(\varphi\left(\frac{1}{3},\frac{1}{3}\right)\right.\\ &\left.\left.+ \varphi\left(-\frac{1}{3},\frac{1}{3}\right) + \varphi\left(-\frac{1}{3},-\frac{1}{3}\right) + \varphi\left(\frac{1}{3},-\frac{1}{3}\right)\right)\right].\end{aligned} \tag{5.10}$$

(5.7) heißt *Formel vom Gauß-Legendre-Typ*, wenn man die L Stützstellen und L Gewichte ($2L$ Unbekannte) so bestimmt, daß Polynome vom Grad $2L - 1$ ($2L$ Bedingungen) exakt integriert werden.

Ist $L = 2$, so bekommt man das Gleichungssystem

$$\begin{aligned}&\omega_1 + \omega_2 = 2,\\ &\omega_1 t_1 + \omega_2 t_2 = 0,\\ &\omega_1 t_1^2 + \omega_2 t_2^2 = \frac{2}{3},\\ &\omega_1 t_1^3 + \omega_2 t_2^3 = 0\end{aligned}$$

mit der Lösung $\omega_1 = \omega_2 = 1$, $t_1 = -\sqrt{\frac{1}{3}}$, $t_2 = \sqrt{\frac{1}{3}}$. Die Formel

$$\int_E \varphi(\xi, \eta)\,\mathrm{d}E \approx \varphi\left(-\sqrt{\frac{1}{3}}, -\sqrt{\frac{1}{3}}\right) + \varphi\left(-\sqrt{\frac{1}{3}}, \sqrt{\frac{1}{3}}\right)$$
$$+ \varphi\left(\sqrt{\frac{1}{3}}, -\sqrt{\frac{1}{3}}\right) + \varphi\left(\sqrt{\frac{1}{3}}, \sqrt{\frac{1}{3}}\right) \qquad (5.11)$$

integriert Polynome des Q_3 exakt. Für $L > 2$ ist die Bestimmung der Stützstellen und Gewichte nicht ganz einfach. Wir beschränken uns auf die Angabe einer Quadraturformel für das Einheitsquadrat mit $L = 3$:

$$\int_E \varphi(\xi,\eta)\,\mathrm{d}E \approx \frac{1}{81}\left[25\left(\varphi\left(\sqrt{\frac{3}{5}}, \sqrt{\frac{3}{5}}\right) + \varphi\left(\sqrt{\frac{3}{5}}, -\sqrt{\frac{3}{5}}\right)\right.\right.$$
$$+ \varphi\left(-\sqrt{\frac{3}{5}}, \sqrt{\frac{3}{5}}\right) + \varphi\left(-\sqrt{\frac{3}{5}}, -\sqrt{\frac{3}{5}}\right)\Bigg)$$
$$+ 40\left(\varphi\left(0, \sqrt{\frac{3}{5}}\right) + \varphi\left(0, -\sqrt{\frac{3}{5}}\right) + \varphi\left(\sqrt{\frac{3}{5}}, 0\right)\right.$$
$$\left.\left. + \varphi\left(-\sqrt{\frac{3}{5}}, 0\right)\right) + 64\varphi(0, 0)\right] \qquad (5.12)$$

(5.12) ist exakt für Polynome des Q_5.

Gemäß Satz 5.4 müssen wir aber noch untersuchen, ob die Menge der Stützstellen der Quadraturformel eine Teilmenge enthält, die Polynome $(2k - 1)$-ten Grades in Q_k eindeutig bestimmt.

Sei $k = 1$. Polynome ersten Grades sind eine Teilmenge des Q_1, sie sind eindeutig bestimmt durch die Vorgabe der Funktionswerte in drei verschiedenen Punkten. Beide Quadraturformeln (5.9) und (5.11) arbeiten mit vier Stützstellen, erfüllen also diese Bedingung.

Sei $k = 2$. Polynome dritten Grades im Q_2 sind Linearkombinationen der acht Polynome $1, \xi, \eta, \xi^2, \xi\eta, \eta^2, \xi\eta^2, \xi^2\eta$ (ξ^3 liegt z. B. nicht im Q_2, im Q_2 liegt auch das Polynom 4. Grades $\xi^2\eta^2$). Man benötigt acht geeignete Punkte, um durch Vorgabe der Funktionswerte in diesen Punkten solch ein Polynom eindeutig bestimmen zu können. Obwohl die Quadraturformel (5.11) Polynome aus dem Q_3 exakt integriert, genügt sie also für $k = 2$ den Voraussetzungen des Satzes 5.4 nicht. Die Quadraturformeln (5.10) bzw. (5.12) arbeiten mit 16 bzw. 9 Stützstellen. In beiden Fällen ist es möglich, acht Stützstellen so zu wählen, daß ein Polynom

Tabelle 11

Übersicht über Rechteckelemente vom Typ 1, 2, 2′

Typ	Stützstellen der Quadraturformel	exakt für Polynome vom Typ	Fehlerabschätzung
$k = 1$ 	 (5.9)	Q_1	$\Vert u - u_h \Vert_1 \leqq Ch$
	oder		
	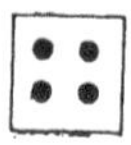 (5.11)	Q_3	
 $k = 2$	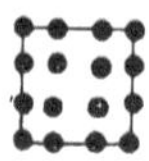 (5.10)	Q_3	$\Vert u - u_h \Vert_1 \leqq Ch^2$
	oder		
	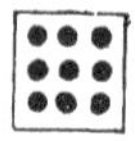 (5.12)	Q_5	

dritten Grades im Q eindeutig bestimmt ist. Betrachten wir z. B. die neun Stützstellen von (5.12). Entsprechend der geometrischen Lage der Punkte kann man die Untersuchung für die neun Punkte $(\pm 1, \pm 1)$, $(0, \pm 1)$, $(\pm 1, 0)$, $(0, 0)$ führen. Wir eliminieren den Punkt $(1, 1)$. Ein Polynom vom beschriebenen Typ ist genau dann eindeutig bestimmt, wenn die Determinante vom Format

8×8 der Funktionswerte der obigen acht Polynome in den 8 Punkten von Null verschieden ist. Diese Determinante ist

$$\begin{vmatrix} 1 & 0 & 0 & 0 & 0 & 0 & 0 & 0 \\ 1 & 0 & 1 & 0 & 0 & 1 & 0 & 0 \\ 1 & -1 & 1 & 1 & -1 & 1 & -1 & 1 \\ 1 & -1 & 0 & 1 & 0 & 0 & 0 & 0 \\ 1 & -1 & -1 & 1 & 1 & 1 & -1 & -1 \\ 1 & 0 & -1 & 0 & 0 & 1 & 0 & 0 \\ 1 & 1 & -1 & 1 & -1 & 1 & 1 & -1 \\ 1 & 1 & 0 & 1 & 0 & 0 & 0 & 0 \end{vmatrix}.$$

Kombiniert man die zweite und die sechste Zeile und die vierte und die achte, so kommt man auf die Determinante vom Format 3×3

$$\begin{vmatrix} -1 & -1 & 1 \\ 1 & -1 & -1 \\ -1 & 1 & -1 \end{vmatrix},$$

sie ist von Null verschieden. Hätte man den Punkt $(0, 0)$ eliminiert, so käme man zu einer Determinante mit dem Wert Null, die acht „äußeren" Punkte bestimmen solch ein Polynom nicht eindeutig.

6. Randapproximation. Isoparametrische Elemente

6.1. *Approximation des Gebietes Ω durch einen Polygonzug*

In den vorigen Kapiteln gingen wir grundsätzlich davon aus, daß das Gebiet Ω ein zweidimensionales Polygon ist. Jetzt lassen wir diese Voraussetzung fallen, Ω sei ein zulässiges zweidimensionales Gebiet, z. B. beschränkt und konvex (vgl. 2.1).

Zunächst untersuchen wir, was geschieht, wenn man Ω durch einen Polygonzug approximiert (s. Abb. 35).
Sei Ω konvex, $\Omega_h \subset \Omega$ das durch das approximierende Polygon erzeugte Gebiet. Wir betrachten eine Randwertaufgabe mit homogenen Dirichletschen Randbedingungen auf dem Rand Γ und verwenden zur Approximation Dreieckelemente vom Typ 1. Ge-

fordert wird nun $v_h|_{\Gamma_h} = 0$ für alle $v_h \in V_h$. Die Lösung des diskreten Problems u_h ist zunächst nur in Ω_h definiert. Im restlichen Gebiet $\Omega \setminus \Omega_h$ setzen wir u_h gleich Null. Dann gilt $u_h \in \mathbf{H}_0^1(\Omega)$, und jedes $v_h \in V_h$ liegt bei gleicher Fortsetzung ebenfalls im

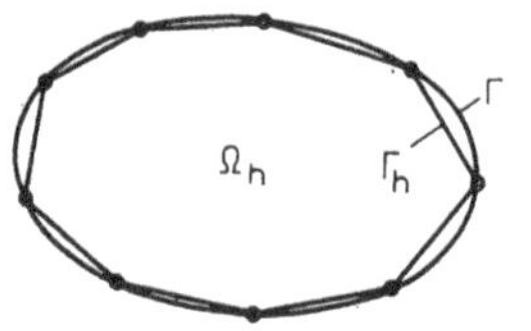

Abb. 35

$\mathbf{H}_0^1(\Omega)$. Folglich können wir den Satz 4.1 anwenden und erhalten

$$\|u - u_h\|_1 \leqq C \inf_{v_h \in V_h} \|u - v_h\|_1 .$$

Nun bleibt zu untersuchen, wie gut man u durch Funktionen des V_h approximieren kann. Sei u_p die stückweise lineare Funktion, die in den Knoten mit u übereinstimmt und in $\Omega \setminus \Omega_h$ gleich Null ist. Laut Definition der Norm gilt

$$\|u - u_p\|_1^2 = \int_\Omega \left[(u - u_p)^2 + \left(\frac{\partial}{\partial x} (u - u_p) \right)^2 + \left(\frac{\partial}{\partial y} (u - u_p) \right)^2 \right] \mathrm{d}\Omega ,$$

$$\|u - u_p\|_1^2 = \int_{\Omega \setminus \Omega_h} \left[u^2 + \left(\frac{\partial u}{\partial x} \right)^2 + \left(\frac{\partial u}{\partial y} \right)^2 \right] \mathrm{d}(\Omega \setminus \Omega_h) + \int_{\Omega_h} \left[(u - u_p)^2 + \left(\frac{\partial}{\partial x} (u - u_p) \right)^2 + \left(\frac{\partial}{\partial y} (u - u_p) \right)^2 \right] \mathrm{d}\Omega_h .$$

Das zweite Integral kann man mit Hilfe vom Satz 4.2 abschätzen. Unter der Voraussetzung, daß u im $\mathbf{H}^1$ liegt, ist der Integrand des ersten Integrals beschränkt, damit ist dieses Integral maximal das Produkt einer Konstanten mit dem Inhalt von $\Omega \setminus \Omega_h$.

Wir betrachten einen Teil $(\Omega \setminus \Omega_h)_\mu$ von $\Omega \setminus \Omega_h$ (s. Abb. 36), l_μ sei die Länge des entsprechenden Teiles von Γ_h. Die Randkurve sei genügend glatt; ist der Rand Γ nur stückweise glatt, so muß man die Knoten zur Approximation des Randes geeignet wählen (insbesondere in die „Ecken" von Γ legen). Legt man ein lokales Koordinatensystem (s. Abb. 36) so an, daß die z-Achse

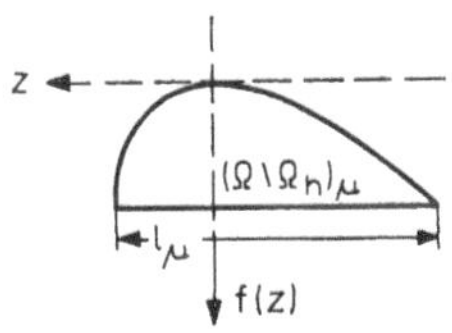

Abb. 36

parallel ist zum entsprechenden Teil des Randes von Γ_h, so liest man unmittelbar aus einer Taylor-Entwicklung ab, daß für den maximalen Abstand d_μ eines Punktes von Γ zum Fußpunkt des Lotes auf Γ_h gilt

$$d_\mu \leqq C_1 l_\mu^2 .$$

$2C_1$ ist dabei etwa das Maximum der zweiten Ableitung der die Randkurve beschreibenden Funktion im betrachteten Intervall. Daraus folgt für den Inhalt $|(\Omega \setminus \Omega_h)_\mu|$ von $(\Omega \setminus \Omega_h)_\mu$ die Abschätzung

$$|(\Omega \setminus \Omega_h)_\mu| \leqq C_1 l_\mu^3 .$$

Die Anzahl μ^* der Teilgebiete $(\Omega \setminus \Omega_h)_\mu$ genügt der Abschätzung

$$\mu^* \leqq \frac{C_2}{\min l_\mu}$$

(C_2 ist die Länge von Γ), daraus folgt für den Inhalt $|\Omega \setminus \Omega_h|$ von $\Omega \setminus \Omega_h$

$$|\Omega \setminus \Omega_h| \leqq C \frac{l_\mu^3}{\min l_\mu} .$$

Setzen wir voraus, daß die Zerlegung in dem Sinne regulär ist, daß die Voraussetzungen Z 5, Z 7 gelten, so ergibt sich letztlich

$$|\Omega \setminus \Omega_h| \leqq Ch^2 .$$

Das liefert dann

$$\|u - u_p\|_1 \leqq Ch$$

und damit

Lemma 6.1: *Approximiert man eine stückweise glatte Randkurve Γ wie oben beschrieben durch einen Polygonzug, so gilt unter den Voraussetzungen Z 5, Z 7 an die Zerlegung bei Verwendung von Dreieckelementen vom Typ 1*

$$\|u - u_h\|_1 \leqq Ch .$$

Die Größenordnung des Fehlers ändert sich also bei dieser Art der Approximation gegenüber dem polygonalen Fall nicht. Verwendet man dagegen Dreieckelemente vom Typ 2 (s. Abb. 37), so kann man zeigen, daß

$$\|u - u_h\|_{1,\Omega_h} \leqq Ch^{3/2} .$$

Abb. 37

Die Ordnung des Fehlers hat sich gegenüber einem polygonalen Gebiet verringert (dort war $\|u - u_h\|_1 \leqq Ch^2$); ähnlich ist die Lage für andere Elemente (verschieden vom Typ 1). Ein Ausweg aus dieser Situation sind *isoparametrische Elemente.*

6.2. *Isoparametrische Elemente*

Wir betrachten ein Einheitselement E (ein Einheitsdreieck oder ein Einheitsquadrat) und den auf dem Einheitselement definierten Raum der Formfunktionen P_E. Es seien f_1, f_2 zwei Funktionen aus P_E, und durch

$$x = f_1(\xi, \eta), \qquad y = f_2(\xi, \eta)$$

werde E eineindeutig auf ein Gebiet K der x-y-Ebene abgebildet. Die Wahl von $f_{1,2}$ bestimmt K, darum kennzeichnen wir $f_{1,2}$ durch einen entsprechenden Index und schreiben endgültig

$$x = f_{1,K}(\xi, \eta), \qquad y = f_{2,K}(\xi, \eta) . \tag{6.1}$$

K ist Element der Zerlegung. Die Formfunktionen auf K definieren wir folgendermaßen. Löst man (6.1) nach ξ und η auf, so gelte

$$\xi = g_{1,K}(x, y), \qquad \eta = g_{2,K}(x, y). \tag{6.2}$$

Die Formfunktionen $p(x, y) \in P_K$ sind nun alle Funktionen $p_E(g_{1,K}(x, y), g_{2,K}(x, y))$, wenn $p_E(\xi, \eta)$ eine beliebige Formfunktion aus P_E ist. Die Freiheitsgrade der P_K mögen durch die Abbildung (6.1) induziert werden.

Das so beschriebene finite Element heißt *isoparametrisch*, weil gerade die Formfunktionen als die die Abbildung $E \leftrightarrow K$ definierenden Funktionen benutzt werden. Isoparametrische Dreieckelemente vom Typ 1 haben wir bereits untersucht (Approximation durch einen Polygonzug). Wir beschränken uns im folgenden auf isoparametrische Dreieckelemente vom Typ 2 und isoparametrische Rechteckelemente vom Typ 2.

Sei E das Einheitsdreieck, und P_E sei der Raum der Polynome zweiten Grades auf E. Wählt man für $f_{1,K}$ und $f_{2,K}$ lineare Funktionen, so ändert sich gegenüber den bisherigen Untersuchungen nichts; man nennt diesen Fall auch den *subparametrischen*, weil ja keine „richtigen" Polynome zweiten Grades zur Abbildung benutzt werden. Im echt isoparametrischen Fall ist $f_{1,K}$ oder $f_{2,K}$ ein Polynom zweiten Grades. Sei etwa

$$x = x_3 + (x_1 - x_3)\,\xi + (x_2 - x_3)\,\eta + \left(x_6 - \frac{x_1 + x_2}{2}\right) 4\xi\eta,$$
$$y = y_3 + (y_1 - y_3)\,\xi + (y_2 - y_3)\,\eta + \left(y_6 - \frac{y_1 + y_2}{2}\right) 4\xi\eta. \tag{6.3}$$

E wird abgebildet auf ein Element K, begrenzt von Geraden durch (x_1, y_1), (x_3, y_3) bzw. (x_2, y_2), (x_3, y_3) und der Parabel durch (x_1, y_1), (x_6, y_6), (x_2, y_2) (s. Abb. 38). Insbesondere gilt

$$(0, 0) \to (x_3, y_3), \qquad \left(\frac{1}{2}, \frac{1}{2}\right) \to (x_6, y_6),$$
$$\left(\frac{1}{2}, 0\right) \to \left(\frac{x_1 + x_3}{2}, \frac{y_1 + y_3}{2}\right), \left(0, \frac{1}{2}\right) \to \left(\frac{x_2 + x_3}{2}, \frac{y_2 + y_3}{2}\right),$$
$$(1, 0) \to (x_1, y_1), \qquad (0, 1) \to (x_2, y_2).$$

Die sechs lokalen Basisfunktionen in E werden durch die Transformation (6.3) (nach ξ, η aufgelöst) in sechs lokale Basisfunktionen auf K abgebildet, deren sechs Freiheitsgrade sind die Funktionswerte in den sechs Knoten der Abb. 38. Da die Auflösung von (6.3) nach ξ und η relativ komplizierte Ausdrücke ergibt, sind die sechs lokalen Basisfunktionen auf K ebenfalls von nicht unkomplizierter Gestalt, jedenfalls erzeugen sie nicht die Menge der Polynome zweiten Grades auf K.

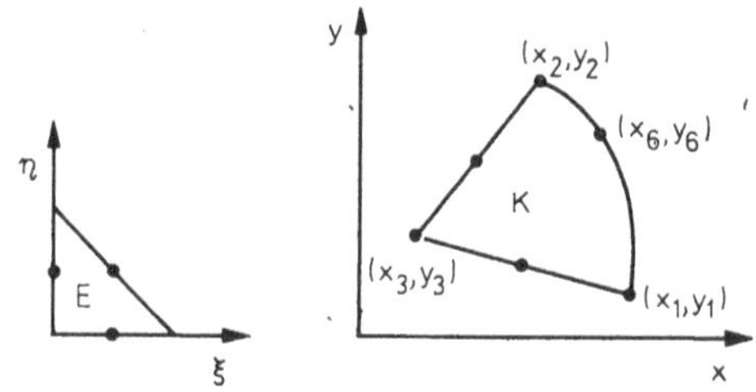

Abb. 38

Ist z. B. $(x_1, y_1) = (1, 0)$, $(x_2, y_2) = (0, 1)$, $(x_3, y_3) = (0, 0)$, so gilt

$$\xi = g_{1,K}(x, y) = -\frac{1}{2}\left[\frac{x_6 - \frac{1}{2}}{y_6 - \frac{1}{2}}\, y - x + \frac{1}{4\left(y_6 - \frac{1}{2}\right)}\right]$$

$$+ \frac{1}{2}\sqrt{\left[\frac{x_6 - \frac{1}{2}}{y_6 - \frac{1}{2}}\, y - x + \frac{1}{4\left(y_6 - \frac{1}{2}\right)}\right]^2 + \frac{x}{y_6 - \frac{1}{2}}};$$

und die Basisfunktion $w_1(\xi, \eta) = 2\xi^2 - \xi$ würde abgebildet in

$$w_1(x, y) = 2(g_{1,K})^2 - g_{1,K}.$$

Glücklicherweise benötigt man aber gemäß dem isoparametrischen Konzept die Formfunktionen auf K nicht explizit.

Nehmen wir einmal an, wir sollten zur Berechnung eines Beitrages zur Elementmatrix das Integral

$$\int_K \left(\frac{\partial w_1}{\partial x}\right)^2 \mathrm{d}K$$

berechnen. Dann gehen wir wieder so vor, daß wir die Variablentransformation (6.3) durchführen und über E integrieren. Aus $w_1 = 2\xi^2 - \xi$ folgt in unserem Beispiel

$$\begin{aligned}\frac{\partial w_1}{\partial x} &= \frac{\partial w_1}{\partial \xi}\frac{\partial \xi}{\partial x} + \frac{\partial w_1}{\partial \eta}\frac{\partial \eta}{\partial x}\\ &= (4\xi - 1)\frac{\partial \xi}{\partial x}.\end{aligned}$$

Differentiation von (6.3) liefert

$$\begin{aligned}1 &= (x_1 - x_3)\frac{\partial \xi}{\partial x} + (x_2 - x_3)\frac{\partial \eta}{\partial x}\\ &\quad + \left(x_6 - \frac{x_1 + x_2}{2}\right) 4 \left(\frac{\partial \xi}{\partial x}\eta + \xi\frac{\partial \eta}{\partial x}\right),\\ 0 &= (y_1 - y_3)\frac{\partial \xi}{\partial x} + (y_2 - y_3)\frac{\partial \eta}{\partial x}\\ &\quad + \left(y_6 - \frac{y_1 + y_2}{2}\right) 4 \left(\frac{\partial \xi}{\partial x}\eta + \xi\frac{\partial \eta}{\partial x}\right),\end{aligned}$$

bzw.

$$\begin{aligned}1 &= \left(x_1 - x_3 + 4\left(x_6 - \frac{x_1 + x_2}{2}\right)\eta\right)\frac{\partial \xi}{\partial x}\\ &\quad + \left(x_2 - x_3 + 4\left(x_6 - \frac{x_1 + x_2}{2}\right)\xi\right)\frac{\partial \eta}{\partial x},\\ 0 &= \left(y_1 - y_3 + 4\left(y_6 - \frac{y_1 + y_2}{2}\right)\eta\right)\frac{\partial \xi}{\partial x}\\ &\quad + \left(y_2 - y_3 + 4\left(y_6 - \frac{y_1 + y_2}{2}\right)\xi\right)\frac{\partial \eta}{\partial x}.\end{aligned}$$

Die Koeffizientendeterminante dieses Gleichungssystems ist gerade die Funktionaldeterminante $D = \dfrac{\partial(x, y)}{\partial(\xi, \eta)}$ der Abbildung, die in diesem Fall keine Konstante ist:

$$D(\xi,\eta) = \begin{vmatrix} x_1 - x_3 + 4\left(x_6 - \dfrac{x_1 + x_2}{2}\right)\eta & x_2 - x_3 + 4\left(x_6 - \dfrac{x_1 + x_2}{2}\right)\xi \\ y_1 - y_3 + 4\left(y_6 - \dfrac{y_1 + y_2}{2}\right)\eta & y_2 - y_3 + 4\left(y_6 - \dfrac{y_1 + y_2}{2}\right)\xi \end{vmatrix}.$$

Aus

$$\frac{\partial \xi}{\partial x} = \frac{y_2 - y_3 + 4\left(y_6 - \dfrac{y_1 + y_2}{2}\right)\xi}{D(\xi,\eta)}$$

folgt schließlich

$$\int_K \left(\frac{\partial w_1}{\partial x}\right)^2 \mathrm{d}K$$

$$= \int_E \frac{(4\xi - 1)^2 \left[y_2 - y_3 + 4\left(y_6 - \dfrac{y_1 + y_2}{2}\right)\xi\right]^2}{D(\xi,\eta)} \,\mathrm{d}E.$$

Der Integrand ist eine rationale Funktion in ξ und η. Wichtig für uns ist aber zunächst nur, daß man die Elementmatrizen allein aus den gegebenen Formfunktionen auf E und der Abbildungsvorschrift berechnen kann.

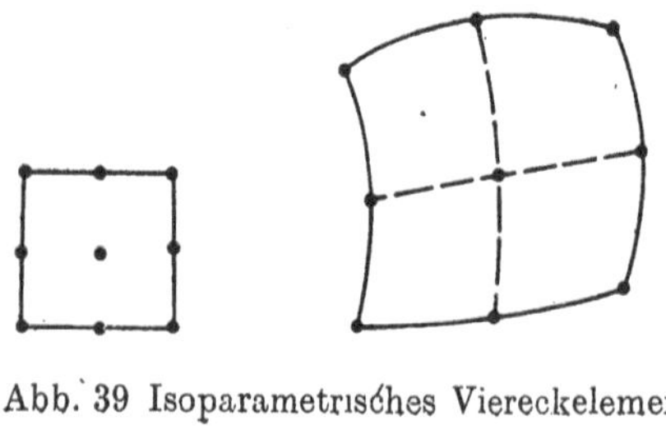

Abb. 39 Isoparametrisches Viereckelement vom Typ 2

Bevor wir darauf eingehen, wie man mit Hilfe isoparametrischer Elemente den Rand approximiert, noch einige Bemerkungen zum isoparametrischen Viereckelement. Sei E ein Einheitsquadrat und P_E der Raum Q_2 aller Polynome, die in jeder der Variablen ξ und η maximal den Grad zwei besitzen. Sind dann $f_{1,K}$ und $f_{2,K}$ ebenfalls Polynome von diesem Typ, so entsteht ein echt isoparametrisches Viereckelement, wenn $f_{1,K}$ oder $f_{2,K}$ nicht aus dem Q_1 ist. Das Bild des Einheitsquadrates ist dann ein von Parabeln begrenztes Viereck (Abb. 39).

6.3. *Approximation des Gebietes mit Hilfe isoparametrischer Dreieckelemente vom Typ 2*

Sei Ω ein stückweise glattes Gebiet. Wir verwenden zur Approximation von Ω im Innern Dreiecke, am Rand isoparametrische Elemente vom Typ 2 mit der Abbildungsvorschrift (6.3). Dabei werde der Punkt $\left(\frac{1}{2}, \frac{1}{2}\right)$ abgebildet in $P_{6,K} = (x_{6,K}, y_{6,K})$ und $P_{6,K}$ sei der Punkt, wo die Mittelsenkrechte zu $P_{1,K}, P_{2,K}$ den Rand Γ trifft (s. Abb. 40).

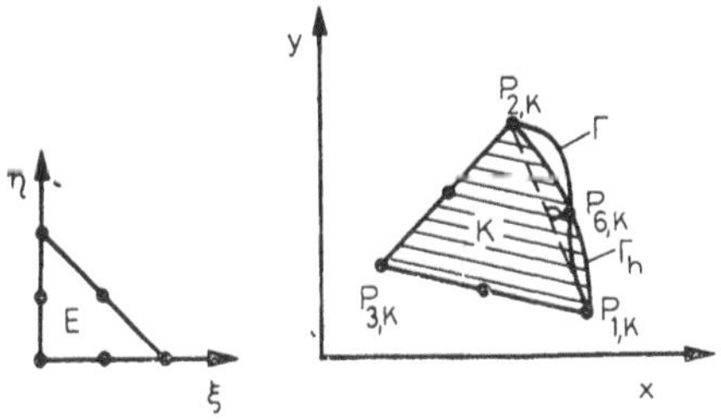

Abb. 40

Ω_h sei die Vereinigung aller Elemente K. Im allgemeinen gilt weder $\Omega_h \subset \Omega$ noch $\Omega \subset \Omega_h$.

Würde man die Elementmatrizen exakt ausrechnen wollen, so ergäbe sich für die K, die Punkte umfassen, die nicht in Ω liegen, die zusätzliche Schwierigkeit, eventuell Funktionen, die zunächst nur auf Ω definiert sind, auf K erweitern zu müssen. Diese Schwierigkeit kann man durch Verwendung einer geeigneten Formel zur näherungsweisen Integration umgehen.

Wir betrachten ein homogenes Dirichlet-Problem, die Koeffizientenfunktionen und die „rechte Seite“ seien hinreichend glatt. Als Integrationsformel wählen wir die Formel

$$\int\limits_E \varphi(\xi,\eta)\,\mathrm{d}E \approx \frac{1}{6}\left[\varphi\left(0,\frac{1}{2}\right)+\varphi\left(\frac{1}{2},\frac{1}{2}\right)+\varphi\left(\frac{1}{2},0\right)\right],$$

sie ist für Polynome zweiten Grades exakt. Dann hat man

Satz 6.1: *Unter den eben skizzierten Voraussetzungen gilt die Fehlerabschätzung*

$$\|u-u_h\|_{1,\Omega_h} \leqq Ch^2.$$

Für den Beweis verweisen wir auf [6].

Wesentlich ist, daß die Verwendung isoparametrischer Elemente sogar in Verbindung mit einer relativ einfachen Quadraturformel die gleiche Ordnung des Fehlers wie in einem polygonalen Gebiet ermöglicht.

7. Nichtkonforme FEM

7.1. *Nichtkonforme FEM für die Laplacegleichung*

7.1.1. *Das diskrete Problem*

Betrachtet wird die Randwertaufgabe

$$-\Delta u = g \quad \text{in } \Omega, \qquad u = 0 \quad \text{auf } \Gamma$$

mit der zugeordneten Variationsgleichung:

Gesucht ist ein $u \in V$ mit

$$a(u,v) = f(v) \quad \text{für alle} \quad v \in V. \tag{7.1}$$

Dabei ist $V = \mathbf{H}_0^1(\Omega)$ und wie üblich

$$a(u,v) = \int\limits_\Omega \left(\frac{\partial u}{\partial x}\frac{\partial v}{\partial x}+\frac{\partial u}{\partial y}\frac{\partial v}{\partial y}\right)\mathrm{d}\Omega, \tag{*}$$

$$f(v) = \int\limits_\Omega gv\,\mathrm{d}\Omega.$$

Im Fall einer konformen FEM ist V_h Teilraum von V, und das diskrete Problem ergibt sich einfach durch Einschränkung des stetigen Problems auf V_h:

Gesucht ist ein $u_h \in V_h$ mit

$$a(u_h, v_h) = f(v_h) \quad \text{für alle} \quad v_h \in V_h.$$

Die Bilinearform kann elementweise berechnet werden. Bei der Zerlegung $\bar{\Omega} = \bigcup_{i=1}^{M} K_i$ gilt

$$a(u_h, v_h) = \sum_{i=1}^{M} \int_{K_i} \left(\frac{\partial u_h}{\partial x} \frac{\partial v_h}{\partial x} + \frac{\partial u_h}{\partial y} \frac{\partial v_h}{\partial y} \right) \mathrm{d}K_i. \qquad (**)$$

Diese Darstellung der Bilinearform ist der Ausgangspunkt zur Formulierung des diskreten Problems bei einer nichtkonformen FEM.

Eine nichtkonforme Methode ist dadurch gekennzeichnet, daß V_h nicht Teilraum von V ist. Sei etwa $V_h \subset \mathbf{L}^2(\Omega)$, $P_K \in \mathbf{H}^1(K)$. Dann ist für $u_h, v_h \in V_h$ das Integral

$$\int_{\Omega} \left(\frac{\partial u_h}{\partial x} \frac{\partial v_h}{\partial x} + \frac{\partial u_h}{\partial y} \frac{\partial v_h}{\partial y} \right) \mathrm{d}\Omega$$

nicht definiert, definiert dagegen ist die Summe

$$\sum_{i=1}^{M} \int_{K_i} \left(\frac{\partial u_h}{\partial x} \frac{\partial v_h}{\partial x} + \frac{\partial u_h}{\partial y} \frac{\partial v_h}{\partial y} \right) \mathrm{d}K_i'.$$

Während es im konformen Fall egal ist, ob man die Bilinearform gemäß (*) oder (**) einführt, garantiert im nichtkonformen Fall die Darstellung (**) die Möglichkeit der Erweiterung der Bilinearform auf $u_h, v_h \in V_h$ mit $V_h \subset \mathbf{L}^2(\Omega)$, $P_K \subset \mathbf{H}^1(K)$.

Für $v_h \in \mathbf{L}^2(\Omega)$ ist unter der Voraussetzung $g \in \mathbf{L}^2(\Omega)$ der Ausdruck $f(v_h)$ berechenbar. Eine nichtkonforme Methode zur Diskretisierung von (7.1) ist gekennzeichnet durch einen endlichdimensionalen Raum V_h mit $V_h \subset \mathbf{L}^2(\Omega)$, $P_K \subset \mathbf{H}^1(K)$ und das Verschwinden jeder Funktion $v_h \in V_h$ in den Randknoten; das diskrete Problem ist:

Gesucht ist ein u_h aus V_h mit

$$a_h(u_h, v_h) = f(v_h) \quad \text{für alle} \quad v_h \in V_h, \quad \text{wobei}$$
$$a_h(u_h, v_h) = \sum_{i=1}^{M} \int_{K_i} \left(\frac{\partial u_h}{\partial x} \frac{\partial v_h}{\partial x} + \frac{\partial u_h}{\partial y} \frac{\partial v_h}{\partial y} \right) \mathrm{d}K_i . \tag{7.2}$$

Während bei einer konformen Methode der Satz 2.1 wegen $V_h \subset V$ die eindeutige Lösbarkeit des stetigen und des diskreten Problems sicherte, ist für eine nichtkonforme Methode die Lösbarkeit des diskreten Problems nicht automatisch garantiert.

Wir untersuchen, wann das diskrete Problem den Voraussetzungen des Satzes von Lax und Milgram genügt. Dazu müssen wir auf dem diskreten Raum V_h eine geeignete Norm einführen, Positivität und Stetigkeit der Bilinearform und Stetigkeit der Linearform nachweisen.

Wir führen die Bezeichnung ein

$$\|v\|_h = \left(\sum_{i=1}^{M} \int_{K_i} \left[\left(\frac{\partial v}{\partial x} \right)^2 + \left(\frac{\partial v}{\partial y} \right)^2 \right] \mathrm{d}K_i \right)^{1/2}.$$

Ist v nur aus dem Raum $\mathbf{L}^2$, so kann man (wegen der nicht existierenden Ableitungen) die Integrale nicht zu einem Integral über Ω zusammenfassen. Ob $\|\cdot\|_h$ auf dem endlichdimensionalen Raum V_h eine Norm ist, hängt von der konkreten Wahl V_h des Raumes ab. Das einzige offene Problem bei dem Nachweis der Eigenschaften einer Norm ist, ob aus $\|v_h\|_h = 0$ folgt $v = 0$, die anderen Eigenschaften kann man wie üblich zeigen. Wir setzen voraus:

(NK) In V_h folge aus $\|v_h\|_h = 0$ auch $v_h = 0$.

Dann ist $\|\cdot\|_h$ eine Norm auf V_h, und bei der Konstruktion von V_h und a_h ist die Eigenschaft (NK) zu beachten. Nun gilt

$$a_h(u_h, u_h) = \|u_h\|_h^2,$$

a_h ist also positiv mit der von h unabhängigen Konstanten $\alpha = 1$. Die Anwendung der Dreiecksungleichung und der Ungleichung von Schwarz führen zu

$$
\begin{aligned}
|a_h(u_h, v_h)| &\leqq \sum_{i=1}^{M} \int_{K_i} \left| \frac{\partial u_h}{\partial x} \frac{\partial v_h}{\partial x} + \frac{\partial u_h}{\partial y} \frac{\partial v_h}{\partial y} \right| \mathrm{d}K_i \\
&\leqq \sum_{i=1}^{M} \left\{ \int_{K_i} \left(\frac{\partial u_h}{\partial x}\right)^2 + \left(\frac{\partial u_h}{\partial y}\right)^2 \mathrm{d}K_i \int_{K_i} \left(\frac{\partial v_h}{\partial x}\right)^2 + \left(\frac{\partial v_h}{\partial y}\right)^2 \mathrm{d}K_i \right\}^{1/2} \\
&\leqq \left(\sum_{i=1}^{M} \int_{K_i} \left(\frac{\partial u_h}{\partial x}\right)^2 + \left(\frac{\partial u_h}{\partial y}\right)^2 \mathrm{d}K_i \right)^{1/2} \\
&\quad \times \left(\sum_{i=1}^{M} \int_{K_i} \left(\frac{\partial v_h}{\partial x}\right)^2 + \left(\frac{\partial v_h}{\partial y}\right)^2 \mathrm{d}K_i \right)^{1/2} \\
&\leqq \|u_h\|_h \, \|v_h\|_h
\end{aligned}
$$

bzw.

$$
\begin{aligned}
|f(v_h)| &\leqq \sum_{i=1}^{M} \int_{K_i} |g v_h| \, \mathrm{d}K_i \\
&\leqq \sum_{i=1}^{M} \left\{ \int_{K_i} g^2 \, \mathrm{d}K_i \int_{K_i} v_h^2 \, \mathrm{d}K_i \right\}^{1/2} \\
&\leqq \|g\| \left(\sum_{i=1}^{M} \int_{K_i} v_h^2 \, \mathrm{d}K_i \right)^{1/2} \\
&\leqq C \, \|g\| \, \|v_h\|_h .
\end{aligned}
$$

Damit sind a_h und f stetig auf V_h. Unter der Voraussetzung (NK) ist die Lösbarkeit des diskreten Problems gesichert. Im übernächsten Teilabschnitt betrachten wir Beispiele nichtkonformer finiter Elemente und zeigen, daß für die entsprechenden Räume V_h die Voraussetzung (NK) erfüllt ist.

7.1.2. *Das Konvergenzproblem*

Die Erfüllung der Voraussetzung (NK) sichert zwar die Lösbarkeit des diskreten Problems, die Frage, ob u_h für genügend kleine h zur Approximation der Lösung u des stetigen Problems geeignet ist, ist damit aber noch offen. Noch vor wenigen Jahren war man der Ansicht, daß das Vorgehen bei nichtkonformen Methoden mathematisch unhaltbar erscheint (vgl. die Aussagen in [21, 22]). Lange Zeit sah man auch den sogenannten *Patch-Test* als hinreichende Bedingung für die Konvergenz einer nichtkonformen FEM an. Wir formulieren hier eine der verschiedenen äquivalenten Varianten des Patch-Testes:

Eine nichtkonforme FEM genügt dem Patch-Test, wenn die Lösung u_h des diskreten Problems im Falle einer Polynomlösung $u \in P_k(\Omega)$ des stetigen Problems mit dieser übereinstimmt. Dabei wird vorausgesetzt, daß alle Polynome k-ten Grades zu V_h gehören. Es ist jedoch so, daß die Erfüllung des Patch-Testes die Konvergenz der nichtkonformen FEM nicht sichert; Gegenbeispiele findet man bei STUMMEL [25].

Mit heutigen mathematischen Methoden sind für nichtkonforme FEM gesicherte Aussagen zur Konvergenz möglich. Grundlegend dafür ist erneut eine Verallgemeinerung des Satzes 4.1:

Satz 7.1: *Die Voraussetzungen des Satzes von Lax und Milgram seien sowohl für das stetige als auch für das diskrete Problem erfüllt. Dann gibt es eine von V_h unabhängige positive Konstante C, so daß*

$$\|u - u_h\|_h \leqq C\left(\inf_{v_h \in V_h} \|u - v_h\|_h + \sup_{w_h \in V_h} \frac{|a_h(u, w_h) - f(w_h)|}{\|w_h\|_h}\right).$$

Zum Beweis gehen wir von der Positivität von a_h aus und erhalten für beliebiges $v_h \in V_h$

$$\begin{aligned}\alpha\|u_h - v_h\|_h^2 &\leqq a_h(u_h - v_h, u_h - v_h)\\ &= f(u_h - v_h) - a_h(u, u_h - v_h) + a_h(u - v_h, u_h - v_h)\end{aligned}$$

Die Stetigkeit von a_h und Division durch $\|u_h - v_h\|_h \neq 0$ liefern die Abschätzung

$$\alpha\,\|u_h - v_h\|_h \leqq \beta\,\|u - v_h\|_h + \sup_{w_h \in V_h} \frac{|f(w_h) - a_h(u, w_h)|}{\|w_h\|_h}.$$

Mit Hilfe der Dreiecksungleichung folgert man

$$\begin{aligned}\|u - u_h\|_h &\leqq \|u - v_h\|_h + \|u_h - v_h\|_h\\ &\leqq \left(1 + \frac{\beta}{\alpha}\right)\|u - v_h\|_h + \frac{1}{\alpha}\sup_{w_h \in V_h} \frac{|f(w_h) - a_h(u, w_h)|}{\|w_h\|_h}.\end{aligned}$$

Folglich gilt die Behauptung des Satzes mit $C = \max\left\{1 + \frac{\beta}{\alpha}, \frac{1}{\alpha}\right\}$.

Nach obigem Satz setzt sich der Fehler aus zwei Teilen zusammen, dem Approximationsfehler

$$\inf_{v_h \in V_h} \|u - v_h\|_h$$

und dem *Verträglichkeitsfehler*

$$\sup_{w_h \in V_h} \frac{|f(w_h) - a_h(u, w_h)|}{\|w_h\|_h}.$$

Letzterer ist bei einer konformen FEM wegen $a_h(u, w_h) = a(u, w_h)$ identisch Null.

Konkrete Konvergenzergebnisse geben wir für die folgenden Beispiele nichtkonformer Elemente an.

7.1.3. *Beispiele nichtkonformer finiter Dreieck- und Rechteckelemente*

Wir betrachten zunächst den Fall linearer Dreieckelemente. Es sei K ein Dreieck der zulässigen Zerlegung des polygonal berandeten Gebietes Ω; b_1, b_2, b_3 seien die Eckpunkte von K und b_{12},

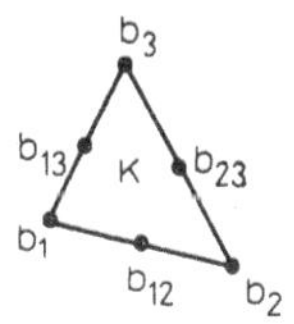

Abb. 41

b_{23}, b_{13} die Seitenmitten (s. Abb. 41). Ein Polynom ersten Grades in x und y

$$p(x, y) = d_0 + d_1 x + d_2 y$$

ist eindeutig durch Vorgabe seiner Werte $p(b_{12}), p(b_{23}), p(b_{13})$ in den Seitenmitten bestimmt. Die d_i bestimmt man als Lösung des Gleichungssystems

$$\begin{bmatrix} 1 & x_{12} & y_{12} \\ 1 & x_{23} & y_{23} \\ 1 & x_{13} & y_{13} \end{bmatrix} \begin{bmatrix} d_0 \\ d_1 \\ d_2 \end{bmatrix} = \begin{bmatrix} p(b_{12}) \\ p(b_{23}) \\ p(b_{13}) \end{bmatrix},$$

das eindeutig auflösbar ist, wenn die drei Punkte b_{12}, b_{23}, b_{13} nicht auf einer Geraden liegen (vgl. Abschnitt 2.1). Die letzte Bedingung ist aber stets erfüllt. Wir legen nun fest:

P_K ist die Menge aller Polynome ersten Grades $P_1(K)$ auf K mit den Freiheitsgraden $p(b_{ij})$, $1 \leq i < j \leq 3$. Der Raum V_h ist charakterisiert durch

(1) v_h ist auf jedem Dreieck K ein Polynom ersten Grades
(2) v_h ist eindeutig bestimmt durch Vorgabe von Werten in den Seitenmitten aller Dreiecke der Zerlegung
(3) $v_h(b_{ij}) = 0$, falls b_{ij} Randpunkt von Ω ist.

Entlang jeder Seite der Triangulation ist p ein Polynom ersten Grades in einer Veränderlichen, das nur in einem Punkt, der Seitenmitte, fest vorgeschrieben ist. Betrachtet man daher v_h auf zwei aneinandergrenzenden Dreiecken K_1, K_2, so stimmen entlang der gemeinsamen Seite $v_h|_{K_1}$ und $v_h|_{K_2}$ i. allg. nur in der Seitenmitte überein. Damit ist v_h i. allg. unstetig und V_h nicht in V enthalten (s. Abb. 42).

Nun soll geprüft werden, ob die Lösbarkeitsvoraussetzung für das diskrete Problem (NK) erfüllt ist. Auf jedem Dreieck K ist v_h ein Polynom und gehört deshalb zum Raum $\mathbf{H}^1(K)$. Für die Voraussetzung (NK) folgt aus

$$0 = \|v_h\|_h^2 = \sum_{i=1}^{M} \int_{K_i} \left(\frac{\partial v_h}{\partial x}\right)^2 + \left(\frac{\partial v_h}{\partial y}\right)^2 \mathrm{d}K_i$$

zunächst $v_h = \text{const.}$ auf jedem Dreieck K_i. Da v_h in den Seitenmitten der Triangulation auf zwei aneinandergrenzenden K_i übereinstimmt, ist v_h auf $\bar{\Omega} = \bigcup_{i=1}^{M} K_i$ konstant. Die homogenen Randbedingungen erzwingen schließlich $v_h = 0$ auf $\bar{\Omega}$. Das diskrete Problem (7.2) besitzt folglich eine eindeutig bestimmte Lösung.

Den Approximationsfehler schätzt man wie bei einer konformen FEM ab. Liegt die Lösung u des stetigen Problems im $\mathbf{H}^2(\Omega)$, so gilt für eine reguläre Zerlegung von $\bar{\Omega}$

$$\inf_{v_h \in V_h} \|u - v_h\|_h \leq Ch.$$

Unter gleichen Voraussetzungen an u und an die Zerlegung wird in [26] die Abschätzung hergeleitet

$$|a_h(u, w_h) - f(w_h)| \leq Ch \, \|w_h\|_h.$$

Daraus folgt für den Gesamtfehler der nichtkonformen FEM mit stückweise linearen Ansatzfunktionen

$$\|u - u_h\|_h \leqq Ch.$$

Damit entspricht die Konvergenzordnung der der konformen Methode unter Verwendung von Dreieckelementen vom Typ 1 (vgl. 4.2).

Obwohl die nichtkonforme Methode keine Verbesserung hinsichtlich der zu erwartenden Konvergenzgeschwindigkeit zeigt, gibt es bei der Anwendung auf bestimmte Problemklassen Vorzüge, die die konforme Methode mit Dreieckelementen vom Typ 1

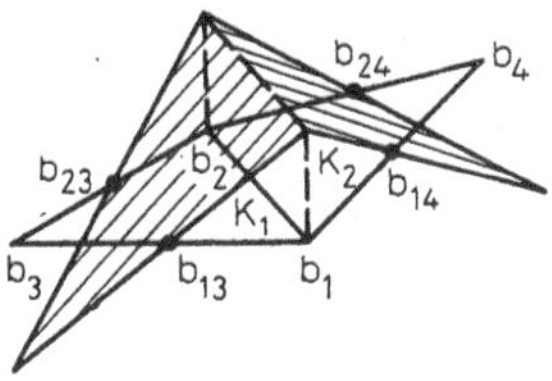

Abb. 42

nicht hat. So ist es für die Behandlung instationärer Aufgaben günstig (vgl. Kap. 9), wenn für zwei Basisfunktionen w_j, w_i mit $i \neq j$

$$\int_\Omega w_i w_j \, d\Omega = 0 \tag{7.3}$$

gilt (L^2-*Orthogonalität*). In Abb. 42 ist eine Basisfunktion des nichtkonformen Raumes V_h skizziert, für die $w(b_{12}) = 1$ und $w(b_{ij}) = 0$ für $i \neq 1$, $j \neq 2$ gilt, skizziert. Die Beziehung (7.3) gilt zunächst für alle $i \neq j$, für die w_i und w_j auf verschiedenen Dreieckelementen konzentriert sind. Seien w_i, w_j mit $i \neq j$ auf K_1 konzentriert, $\mu(K_1)$ sei der Inhalt von K_1. Aus der für Polynome zweiten Grades exakten Quadraturformel (vgl. 5.3)

$$\int_{K_1} w_i w_j \, dK_1 = \frac{\mu(K_1)}{3} \sum_{1 \leqq l < m \leqq 3} w_i(b_{lm}) \, w_j(b_{lm}) = 0$$

folgt die Gültigkeit von (7.3). Im Fall der konformen Methode mit Dreieckelementen vom Typ 1 folgt jedoch für die durch

$$w_1(b_1) = 1, \qquad w_1(b_i) = 0 \quad \text{für} \quad i \neq 1$$
$$w_2(b_2) = 1, \qquad w_2(b_i) = 0 \quad \text{für} \quad i \neq 2$$

definierten Basisfunktionen

$$\int_{\Omega} w_1 w_2 \,\mathrm{d}\Omega = \int_{K_1} w_1 w_2 \,\mathrm{d}K_1 + \int_{K_2} w_1 w_2 \,\mathrm{d}K_2$$
$$= \frac{\mu(K_1)}{3} w_1(b_{12})\, w_2(b_{12}) + \frac{\mu(K_2)}{3} w_1(b_{12})\, w_2(b_{12})$$
$$= \frac{1}{12} \left(\mu(K_1) + \mu(K_2)\right) \neq 0 .$$

L^2-Orthogonalität liegt für die konforme Methode also nicht vor.

Ein weiterer Vorzug der nichtkonformen gegenüber der konformen FEM besteht darin, daß bei gleicher Zerlegung des Gebietes mehr Freiheitsgrade zur Verfügung stehen. Dies wird später bei der Behandlung des Stokes-Problems in Kap. 10 genutzt.

Betrachtet werden im folgenden nichtkonforme quadratische Dreieckelemente. Sei K ein Dreieck der zulässigen Zerlegung des polygonal berandeten Gebietes Ω mit den Eckpunkten b_1, b_2, b_3 und den *Gauß-Legendre Punkten* $a_1, a_2, \ldots, a_6$ (s. Abb. 43). In Dreieckskoordinaten gilt

$$a_1 = \left(\frac{1}{2}\left(1 + \frac{\sqrt{3}}{3}\right), \frac{1}{2}\left(1 - \frac{\sqrt{3}}{3}\right), 0\right),$$
$$a_2 = \left(\frac{1}{2}\left(1 - \frac{\sqrt{3}}{3}\right), \frac{1}{2}\left(1 + \frac{\sqrt{3}}{3}\right), 0\right),$$
$$a_3 = \left(0, \frac{1}{2}\left(1 + \frac{\sqrt{3}}{3}\right), \frac{1}{2}\left(1 - \frac{\sqrt{3}}{3}\right)\right), \quad \text{usw.}$$

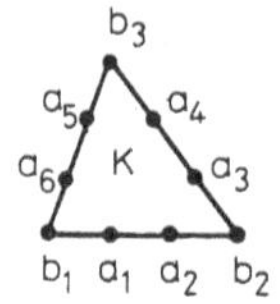

Abb. 43

Auf K sei v_h ein Polynom zweiten Grades, $v_h|_K$ gehört damit zu $P_2(K)$:

$$p = d_0 + d_1 L_1 + d_2 L_2 + d_3 L_1^2 + d_4 L_1 L_2 + d_5 L_2^2 .$$

Die Vorgabe von p in den Gauß-Legendre Punkten $a_1, \ldots, a_6$

führt auf das Gleichungssystem

$$\begin{bmatrix} 1 & \varkappa_1 & \varkappa_2 & \varkappa_1^2 & \varkappa_1\varkappa_2 & \varkappa_2^2 \\ 1 & \varkappa_2 & \varkappa_1 & \varkappa_2^2 & \varkappa_1\varkappa_2 & \varkappa_1^2 \\ 1 & 0 & \varkappa_1 & 0 & 0 & \varkappa_1^2 \\ 1 & 0 & \varkappa_2 & 0 & 0 & \varkappa_2^2 \\ 1 & \varkappa_2 & 0 & \varkappa_2^2 & 0 & 0 \\ 1 & \varkappa_1 & 0 & \varkappa_1^2 & 0 & 0 \end{bmatrix} \begin{bmatrix} d_0 \\ d_1 \\ d_2 \\ d_3 \\ d_4 \\ d_5 \end{bmatrix} = \begin{bmatrix} p(a_1) \\ p(a_2) \\ p(a_3) \\ p(a_4) \\ p(a_5) \\ p(a_6) \end{bmatrix} \tag{7.4}$$

zur Bestimmung der unbekannten Koeffizienten $d_0, d_1, \ldots, d_6$. Zur Abkürzung wurde $\varkappa_1 = \frac{1}{2}\left(1 + \frac{\sqrt{3}}{3}\right)$, $\varkappa_2 = \frac{1}{2}\left(1 - \frac{\sqrt{3}}{3}\right)$ gesetzt. Die Determinante der Koeffizientenmatrix des Gleichungssystems (7.4) ist jedoch Null. Addiert man z. B. die erste, dritte und fünfte Zeile und subtrahiert davon alle restlichen Zeilen, so folgt

$$p(a_1) - p(a_2) + p(a_3) - p(a_4) + p(a_5) - p(a_6) = 0.$$

Dies bedeutet, daß man die Funktionswerte in den Gauß-Legendre Punkten nicht beliebig vorgeben kann, bei beliebiger Vorgabe also nicht notwendig ein Polynom zweiten Grades existieren muß.

Gibt man von den Werten $p(a_i)$ nur fünf vor, so ist das entsprechende Gleichungssystem zwar lösbar, die Lösung jedoch nicht eindeutig bestimmt. Im Spezialfall $p(a_i) = 0$ gibt es neben der Lösung $p \equiv 0$ z. B. noch die Lösung

$$\begin{aligned} p_K &= -1 + 6L_1 + 6L_2 - 6L_1^2 + 6L_1L_2 - 6L_2^2 \\ &= 2 - 3(L_1^2 + L_2^2 + L_3^2). \end{aligned}$$

Die Schwierigkeit besteht nun darin, daß man als Freiheitsgrade die $p(a_i)$, $i = 1, \ldots, 6$, nicht wählen kann. Der Raum der nichtkonformen finiten Elemente wird nun charakterisiert durch

(i) Jedes v_h aus V_h gehört auf jedem Dreieck K zum Raum $P_2(K)$;
(ii) v_h ist stetig in den Gauß-Legendre Punkten a_i;
(iii) $v_h(a_i) = 0$, falls a_i auf dem Rand von Ω liegt.

Sei W_h der Raum konformer finiter Elemente, bestehend aus Dreiecken vom Typ 2 mit den Randwerten Null (vgl. 2.1) und w_h eine beliebige Funktion aus W_h. Addiert man auf jedem Dreieck K_i der Zerlegung von $\bar{\Omega}$ ein Vielfaches des oben ermittelten nichttrivialen Polynoms p_K mit $p_K(a_i) = 0$, so liegt

$$v_h = w_h + \sum_{i=1}^{M} \alpha_{K_i} p_{K_i} \tag{7.5}$$

im Raum V_h, denn v_h ist auf jedem K_i ein Polynom zweiten Grades und stimmt in den Gauß-Legendre Punkten mit w_h überein. Man kann nun umgekehrt zeigen [8], daß jede Funktion v_h aus V_h in eindeutiger Weise in der Form (7.5) dargestellt werden kann. Damit erhöht sich die Zahl der Freiheitsgrade bei fester Zerlegung des Gebietes um M gegenüber der konformen Methode.

Es soll noch geprüft werden, ob die Voraussetzung (NK) erfüllt ist. Aus

$$0 = \|v_h\|_h^2 = \sum_{i=1}^{M} \int_{K_i} \left(\frac{\partial v_h}{\partial x}\right)^2 + \left(\frac{\partial v_h}{\partial y}\right)^2 \mathrm{d}K_i$$

folgt zunächst, daß v_h auf jedem K_i konstant ist; wir schreiben $v_h = \text{const.}$ auf K_i. Die Stetigkeit in den Gauß-Legendre Punkten liefert $v_h = \text{const.}$ auf $\bar{\Omega}$ und die Randwerte ergeben $v_h = 0$. Damit gilt (NK) und die diskrete Aufgabe ist eindeutig lösbar.

Für reguläre Zerlegungen von Ω und $u \in \mathbf{H}^3(\Omega)$ gilt die Fehlerabschätzung

$$\|u - u_h\|_h \leq Ch^2.$$

Abschließend wird ein nichtkonformes Rechteckelement vorgestellt, das zur Lösung zweidimensionaler Aufgaben der linearen Elastizitätstheorie auf Rechtecken Anwendung findet. Sei K ein Rechteck der zulässigen Zerlegung $\bar{\Omega} = \bigcup_{i=1}^{M} K_i$ mit den Eckpunkten a_1, a_2, a_3, a_4. v_h sei auf K ein Polynom zweiten Grades, also $P_K = P_2(K)$. Als Freiheitsgrade werden gewählt: die Funktionswerte $p(a_i)$, $i = 1, 2, 3, 4$, und

$$\frac{h_1}{h_2} \int_K \frac{\partial^2 p}{\partial x^2} \mathrm{d}K, \quad \frac{h_2}{h_1} \int_K \frac{\partial^2 p}{\partial y^2} \mathrm{d}K.$$

Dadurch ist ein Polynom zweiten Grades eindeutig bestimmt. Im Fall des Einheitsrechtecks $[-1, +1] \times [-1, +1]$ gilt für die

Koeffizienten in

$$p = d_0 + d_1x + d_2y + d_3x^2 + d_4xy + d_5y^2$$

$$\begin{bmatrix} 1 & 1 & 1 & 1 & 1 & 1 \\ 1 & -1 & 1 & 1 & -1 & 1 \\ 1 & -1 & -1 & 1 & 1 & 1 \\ 1 & 1 & -1 & 1 & -1 & 1 \\ 0 & 0 & 0 & 8 & 0 & 0 \\ 0 & 0 & 0 & 0 & 0 & 8 \end{bmatrix} \begin{bmatrix} d_0 \\ d_1 \\ d_2 \\ d_3 \\ d_4 \\ d_5 \end{bmatrix} = \begin{bmatrix} p(a_1) \\ p(a_2) \\ p(a_3) \\ p(a_4) \\ \int\limits_K \frac{\partial^2 p}{\partial x^2}\,\mathrm{d}K \\ \int\limits_K \frac{\partial^2 p}{\partial y^2}\,\mathrm{d}K \end{bmatrix}.$$

Der Raum V_h wird nun charakterisiert durch

(i) Jedes v_h aus V_h gehört auf jedem Rechteck K zum Raum $P_2(K)$;

(ii) v_h ist stetig in den Ecken der Rechteckszerlegung von $\bar{\Omega}$;

(iii) $v_h(a_i) = 0$, falls a_i Randpunkt ist.

Die Basisfunktionen in V_h bestehen aus den Basisfunktionen des aus Rechtecken vom Typ 1 gebildeten konformen Raumes (vgl. 2.1) und den für das Einheitsrechteck E definierten nichtkonformen Basisfunktionen

$$w^{(1)} = \frac{1}{8}(x^2 - 1) \quad \text{auf } E, \quad w^{(1)} = 0 \text{ sonst,}$$

$$w^{(2)} = \frac{1}{8}(y^2 - 1) \quad \text{auf } E, \quad w^{(2)} = 0 \text{ sonst,}$$

$w^{(1)}$ ist z. B. auf $y = 1$ $(-1 < x < 1)$ unstetig. Die Voraussetzung (NK) ist erfüllt, denn aus

$$0 = \|v_h\|_h^2 = \sum_{i=1}^{M} \int\limits_{K_i} \left(\frac{\partial v_h}{\partial x}\right)^2 + \left(\frac{\partial v_h}{\partial y}\right)^2 \mathrm{d}K_i$$

folgt wegen der Stetigkeit von v_h in den Ecken $v_h = 0$. Liegt die Lösung u des stetigen Problems im $\mathbf{H}^2(\Omega)$ und ist die Zerlegung von $\bar{\Omega}$ regulär, so gilt die Fehlerabschätzung

$$\|u - u_h\|_h \leqq Ch.$$

7.2. *Nichtkonforme FEM für die biharmonische Gleichung*

7.2.1. *Allgemeine Bemerkungen*

Für konforme FEM ist charakteristisch, daß der Raum der finiten Elemente V_h Teilraum des Lösungsraumes V ist. Ist das zu lösende Randwertproblem von zweiter Ordnung und wählt man als Ansatzfunktionen auf jedem Element K stetige Funktionen, dann müssen im Falle einer konformen FEM alle in V_h liegenden Funktionen stetig auf $\bar{\Omega}$ sein. Dies führt zu Anschlußbedingungen längs der Seiten der Triangulation. Für die jetzt betrachteten Randwertprobleme vierter Ordnung gilt: Enthält P_K nur auf K stetig differenzierbare Funktionen, so verlangt eine konforme FEM die stetige Differenzierbarkeit aller in V_h liegenden Funktionen auf $\bar{\Omega}$. Während stetige Anschlußbedingungen relativ leicht zu realisieren sind (vgl. die Beispiele finiter Elemente in 2.1), ist die Erfüllung der stetigen Differenzierbarkeit längs der Seiten der Triangulation mit Schwierigkeiten verbunden. So zeigte Zenišek, daß für Dreieckelemente K und Polynomräume P_K die Zahl der Freiheitsgrade, die für die Erfüllung der stetigen Differenzierbarkeit längs der Seiten der Triangulation notwendig ist, mindestens 18 beträgt. Bei Verzicht auf Polynomräume P_K kommt man auch mit weniger Freiheitsgraden aus (*Hsieh-Clough-Tocher-Dreieck* mit 12 bzw. 9 Freiheitsgraden und *Zienkiewicz-Dreieck* mit 12 bzw. 9 Freiheitsgraden [6]), die Struktur der finiten Elemente wird jedoch wesentlich komplizierter. Ein Vorteil nichtkonformer FEM ist, daß man auf die Forderung, daß V_h Teilraum von V ist, verzichten und damit auch weiterhin einfache Ansatzfunktionen verwenden kann.

Konforme Methoden für Randwertaufgaben vierter Ordnung untersuchen wir aus den dargelegten Gründen nicht. Wir konzentrieren uns auf nichtkonforme Methoden und auf gemischte Methoden (s. 8.1) und stellen die Methoden anhand einer konkreten Randwertaufgabe für die biharmonische Gleichung (bzw. Bipotentialgleichung) dar.

7.2.2. Das stetige und das diskrete Problem

Wir betrachten die Randwertaufgabe

$$\Delta^2 u = \left(\frac{\partial^2}{\partial x^2} + \frac{\partial^2}{\partial y^2}\right)^2 u = g \quad \text{in } \Omega$$

$$u = \frac{\partial u}{\partial n} = 0 \quad \text{auf } \Gamma.$$

Die dazugehörige Variationsgleichung erhält man wie üblich (vgl. Kap. 1) über das entsprechende Variationsproblem oder die zweimalige Anwendung eines Integralsatzes. Es ergibt sich

$$a(u, v) = f(v) \quad \text{für alle} \quad v \in V \tag{7.6}$$

mit

$$a(u, v) = \int_\Omega \Delta u \, \Delta v \, \mathrm{d}\Omega,$$

$$f(v) = \int_\Omega g v \, \mathrm{d}\Omega.$$

Dabei ist $V = \mathbf{H}_0^2(\Omega)$ der Teilraum aller Funktionen $v \in \mathbf{H}^2$ mit $v = \dfrac{\partial v}{\partial n} = 0$ auf Γ. Im folgenden zeigen wir zunächst, daß die Voraussetzungen des Satzes 2.1 für $g \in \mathbf{L}^2$ erfüllt sind, (7.6) also eine eindeutige Lösung besitzt. Wir benötigen folgenden Hilfssatz (s. [1]):

Lemma 7.1 (*Friedrichssche* oder auch *Poincarésche Ungleichung*).

a) Sei $u \in \mathbf{H}_0^1(\Omega)$. Dann existiert eine positive Konstante C mit

$$\int_\Omega u^2 \, \mathrm{d}\Omega \leqq C \int_\Omega \left(\frac{\partial u}{\partial x}\right)^2 + \left(\frac{\partial u}{\partial y}\right)^2 \mathrm{d}\Omega.$$

b) Sei $u \in \mathbf{H}_0^2(\Omega)$. Dann existiert eine positive Konstante C mit

$$\int_\Omega u^2 \, \mathrm{d}\Omega \leqq C \int_\Omega \left(\frac{\partial^2 u}{\partial x^2}\right)^2 + 2\left(\frac{\partial^2 u}{\partial x \, \partial y}\right)^2 + \left(\frac{\partial^2 u}{\partial y^2}\right)^2 \mathrm{d}\Omega.$$

Bereits in Kap. 4 haben wir eine Norm im $\mathbf{H}^2$ eingeführt, die wir auch als Norm im $\mathbf{H}_0^2$ nutzen könnten. Zweckmäßigerweise verwenden wir jetzt im $\mathbf{H}_0^2$ eine andere Norm, die wir (da keine Verwechslungen zu befürchten sind) wieder mit $\|u\|_2$ bezeichnen, nämlich

$$\|u\|_2 = \left(\int\limits_\Omega \left(\frac{\partial^2 u}{\partial x^2}\right)^2 + 2 \left(\frac{\partial^2 u}{\partial x\, \partial y}\right)^2 + \left(\frac{\partial^2 u}{\partial y^2}\right)^2 \mathrm{d}\Omega \right)^{1/2}.$$

Wegen Teil b von Lemma 7.1 folgt aus $\|u\|_2 = 0$ auch $u = 0$, damit liegt tatsächlich eine Norm vor.

Wir untersuchen nun Positivität und Stetigkeit der Bilinearform. Es ist

$$a(u, u) = \int\limits_\Omega \left(\frac{\partial^2 u}{\partial x^2}\right)^2 + 2\, \frac{\partial^2 u}{\partial x^2}\, \frac{\partial^2 u}{\partial y^2} + \left(\frac{\partial^2 u}{\partial y^2}\right)^2 \mathrm{d}\Omega.$$

Partielle Integration des mittleren Summanden

$$\int\limits_\Omega \frac{\partial^2 u}{\partial x^2}\, \frac{\partial^2 u}{\partial y^2}\, \mathrm{d}\Omega = -\int\limits_\Omega \frac{\partial^3 u}{\partial x^2\, \partial y}\, \frac{\partial u}{\partial y}\, \mathrm{d}\Omega = \int\limits_\Omega \left(\frac{\partial^2 u}{\partial x\, \partial y}\right)^2 \mathrm{d}\Omega$$

ergibt

$$a(u, u) = \int\limits_\Omega \left(\frac{\partial^2 u}{\partial x^2}\right) + 2 \left(\frac{\partial^2 u}{\partial x\, \partial y}\right)^2 + \left(\frac{\partial^2 u}{\partial y^2}\right)^2 \mathrm{d}\Omega$$

d. h. die Bilinearform a ist positiv entsprechend

$$a(u, u) \geqq \alpha\, \|u\|_2^2$$

mit $\alpha = 1$. Die Stetigkeit von a folgt durch Anwendung der Schwarzschen Ungleichung

$$\begin{aligned} |a(u, v)| &\leqq \int\limits_\Omega |\Delta u \Delta v|\, \mathrm{d}\Omega \\ &\leqq \Big(\int\limits_\Omega (\Delta u)^2\, \mathrm{d}\Omega\Big)^{1/2} \Big(\int\limits_\Omega (\Delta v)^2\, \mathrm{d}\Omega\Big)^{1/2} \\ &\leqq \|u\|_2\, \|v\|_2 . \end{aligned}$$

Zum Nachweis der Stetigkeit der Linearform wenden wir die Schwarzsche Ungleichung an und danach Lemma 7.1:

$$\begin{aligned} |f(v)| &\leqq \int\limits_\Omega |gv|\, \mathrm{d}\Omega \\ &\leqq \Big(\int\limits_\Omega g^2\, \mathrm{d}\Omega\Big)^{1/2} \Big(\int\limits_\Omega v^2\, \mathrm{d}\Omega\Big)^{1/2} \\ &\leqq C\, \|g\|_0\, \|v\|_2 . \end{aligned}$$

Alle Bedingungen des Satzes von Lax und Milgram für das stetige Problem sind erfüllt, damit existiert eine eindeutig bestimmte Lösung u aus $\mathbf{H}_0^2(\Omega)$.

Es wird nun wieder angenommen, daß im endlichdimensionalen Raum V_h

$$\|u\|_h = \left(\sum_{i=1}^{M} \int_{K_i} \left(\frac{\partial^2 u}{\partial x^2}\right)^2 + 2\left(\frac{\partial^2 u}{\partial x\, \partial y}\right)^2 + \left(\frac{\partial^2 u}{\partial y^2}\right)^2 \mathrm{d}K_i\right)^{1/2}$$

eine Norm ist. $\bar{\Omega} = \bigcup_{i=1}^{M} K_i$ sei dabei eine zulässige Zerlegung von $\bar{\Omega}$ in Dreieck- oder Rechteckelemente. Für die Funktionen aus V_h ist die stetige Differenzierbarkeit entlang der Seiten der Triangulation nicht erforderlich, es genügt, wenn die zweiten partiellen Ableitungen auf jedem K_i quadratisch integrierbar sind. Dies ist der Fall, wenn u auf jedem K_i dem Raum $\mathbf{H}^2(K_i)$ angehört.

Wählt man in Analogie zur Laplace-Gleichung

$$a_h(u_h, v_h) = \sum_{i=1}^{M} \int_{K_i} \Delta u_h\, \Delta v_h\, \mathrm{d}K_i, \tag{7.7}$$

so ist die Bilinearform a_h nicht für alle nichtkonformen finiten Elementeräume positiv. Für einen speziellen Fall (das sogenannte Morley-Dreieck) wird dies später gezeigt. Man verwendet zur Formulierung des diskreten Problems deshalb die durch einen Parameter σ $(0 < \sigma < 1)$ gekennzeichnete Bilinearform

$$\begin{aligned} a_h^\sigma(u_h, v_h) = \sum_{i=1}^{M} \int_{K_i} \Bigg[\sigma\, \Delta u_h \Delta v_h + (1 - \sigma) \\ \times \left(\frac{\partial^2 u_h}{\partial x^2}\frac{\partial^2 v_h}{\partial x^2} + \frac{\partial^2 u_h}{\partial y^2}\frac{\partial^2 v_h}{\partial y^2} + 2\,\frac{\partial^2 u_h}{\partial x\, \partial y}\frac{\partial^2 v_h}{\partial x\, \partial y}\right)\Bigg]\, \mathrm{d}K_i, \end{aligned} \tag{7.8}$$

die für alle Funktionen u, v aus $V = \mathbf{H}_0^2(\Omega)$ mit a_h und a übereinstimmt. Letzteres ergibt sich aus

$$\begin{aligned} a_h^\sigma(u, v) &= \int_\Omega \Delta u \Delta v\, \mathrm{d}\Omega \\ &+ (1 - \sigma) \int_\Omega \left[2\,\frac{\partial^2 u}{\partial x\, \partial y}\frac{\partial^2 v}{\partial x\, \partial y} - \frac{\partial^2 u}{\partial x^2}\frac{\partial^2 v}{\partial y^2} - \frac{\partial^2 u}{\partial y^2}\frac{\partial^2 v}{\partial x^2}\right] \mathrm{d}\Omega \end{aligned}$$

durch partielle Integration

$$\int_\Omega \frac{\partial^2 u}{\partial x\,\partial y}\,\frac{\partial^2 v}{\partial x\,\partial y}\,\mathrm{d}\Omega = \int_\Omega \frac{\partial^2 u}{\partial x^2}\,\frac{\partial^2 v}{\partial y^2}\,\mathrm{d}\Omega,$$

$$\int_\Omega \frac{\partial^2 u}{\partial x\,\partial y}\,\frac{\partial^2 v}{\partial x\,\partial y}\,\mathrm{d}\Omega = \int_\Omega \frac{\partial^2 u}{\partial y^2}\,\frac{\partial^2 v}{\partial x^2}\,\mathrm{d}\Omega.$$

Die Bilinearform a_h^σ ist für jedes $\sigma < 1$ auf V_h positiv, denn es gilt

$$\begin{aligned} a_h^\sigma(u_h, u_h) &\geqq (1-\sigma)\sum_{i=1}^{M}\int_{K_i}\left[\left(\frac{\partial^2 u_h}{\partial x^2}\right)^2 + 2\left(\frac{\partial^2 u_h}{\partial x\,\partial y}\right)^2 + \left(\frac{\partial^2 u_h}{\partial y^2}\right)^2\right]\mathrm{d}K_i \\ &\geqq (1-\sigma)\,\|u_h\|_h^2. \end{aligned}$$

Damit lautet das diskrete Problem:

Gesucht ist ein u_h aus V_h mit

$$a_h^\sigma(u_h, v_h) = f(v_h) \quad \text{für alle} \quad v_h \in V_h. \tag{7.9}$$

Es soll nun die Anwendbarkeit des Satzes von Lax und Milgram für das diskrete Problem gezeigt werden. Die Positivität von a_h^σ wurde bereits nachgewiesen. Die Stetigkeit folgt mit Hilfe der Schwarzschen Ungleichung aus

$$\begin{aligned} a_h^\sigma(u_h, v_h) = \sum_{i=1}^{M}\int_{K_i}\Bigg[&\frac{\partial^2 u_h}{\partial x^2}\,\frac{\partial^2 v_h}{\partial x^2} + \frac{\partial^2 u_h}{\partial y^2}\,\frac{\partial^2 v_h}{\partial^2 y^2} \\ &+ \sigma\left(\frac{\partial^2 u_h}{\partial x^2}\,\frac{\partial^2 v_h}{\partial y^2} + \frac{\partial^2 u_h}{\partial y^2}\,\frac{\partial^2 v_h}{\partial x^2}\right) \\ &+ 2(1-\sigma)\,\frac{\partial^2 u_h}{\partial x\,\partial y}\,\frac{\partial^2 v_h}{\partial x\,\partial y}\Bigg]\mathrm{d}K_i \end{aligned}$$

indem jeder Summand nach oben abgeschätzt wird durch ein Vielfaches von $\|u_h\|_h \cdot \|v_h\|_h$. Ebenso wird die Stetigkeit von f gezeigt.

Unter der Voraussetzung

(NK) In V_h folge aus $\|v_h\|_h = 0$ auch $v_h = 0$,

sind folglich alle Bedingungen für die Anwendung des Satzes von Lax und Milgram erfüllt und die diskrete Aufgabe (7.9') ist eindeutig lösbar.

7.2.3. *Beispiele nichtkonformer finiter Dreieck- und Rechteckelemente*

Eine konforme Methode verlangt, daß die Ansatzfunktionen entlang der Seiten der Triangulation stetig differenzierbar sind. Wie bereits erwähnt, beträgt die Zahl der Freiheitsgrade für Dreieckelemente und Polynomräume mindestens 18.

Im folgenden wird ein nichtkonformes Dreieckelement, das sogenannte *Morley-Element*, mit nur 6 Freiheitsgraden eingeführt. Seien $\bar{\Omega} = \bigcup_{i=1}^{M} K_i$ eine zulässige Zerlegung des Gebietes Ω in Dreiecke K_i und K ein beliebiges Dreieck mit den Eckpunkten b_1, b_2, b_3 und den Seitenmitten b_{12}, b_{23}, b_{13}. Der Raum P_K besteht aus allen Polynomen zweiten Grades, als Freiheitsgrade werden die Funktionswerte $p(b_i)$ in den Ecken des Dreiecks und die Normalableitungen $\frac{\partial p}{\partial n}(b_{ij})$ in den Seitenmitten vorgegeben. Daß diese Vorgaben das Polynom zweiten Grades eindeutig festlegen, wird am Beispiel des Dreiecks K_1 (s. Abb. 44) demonstriert.

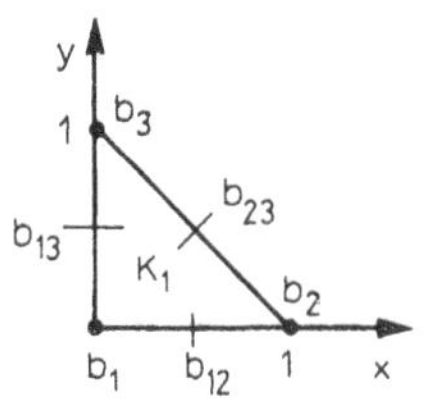

Abb. 44

Mit dem Ansatz

$$p = d_0 + d_1 x + d_2 y + d_3 x^2 + d_4 xy + d_5 y^2$$

erhält man durch Vorgabe der Funktionswerte in den Ecken und der Normalableitungen $\frac{\partial p}{\partial n}(b_{ij})$ in den Seitenmitten das System

$$\begin{bmatrix} 1 & 0 & 0 & 0 & 0 & 0 \\ 1 & 1 & 0 & 1 & 0 & 0 \\ 1 & 0 & 1 & 0 & 0 & 1 \\ 0 & 0 & -1 & 0 & -\frac{1}{2} & 0 \\ 0 & \frac{1}{\sqrt{2}} & \frac{1}{\sqrt{2}} & \frac{1}{\sqrt{2}} & \frac{1}{\sqrt{2}} & \frac{1}{\sqrt{2}} \\ 0 & -1 & 0 & 0 & -\frac{1}{2} & 0 \end{bmatrix} \begin{bmatrix} d_0 \\ d_1 \\ d_2 \\ d_3 \\ d_4 \\ d_5 \end{bmatrix} = \begin{bmatrix} p(b_1) \\ p(b_2) \\ p(b_3) \\ \frac{\partial p}{\partial n}(b_{12}) \\ \frac{\partial p}{\partial n}(b_{23}) \\ \frac{\partial p}{\partial n}(b_{13}) \end{bmatrix}.$$

Als Lösung des Gleichungssystems ergibt sich

$$d_0 = p(b_1),$$

$$d_1 = \frac{1}{2}[p(b_2) + p(b_3) - 2p(b_1)] - \frac{\partial p}{\partial n}(b_{13}) - \frac{1}{2}\sqrt{2}\,\frac{\partial p}{\partial n}(b_{23}),$$

$$d_2 = \frac{1}{2}[p(b_2) + p(b_3) - 2p(b_1)] - \frac{\partial p}{\partial n}(b_{12}) - \frac{1}{2}\sqrt{2}\,\frac{\partial p}{\partial n}(b_{23}),$$

$$d_3 = \frac{1}{2}[p(b_2) - p(b_3)] + \frac{\partial p}{\partial n}(b_{13}) + \frac{1}{2}\sqrt{2}\,\frac{\partial p}{\partial n}(b_{23}),$$

$$d_4 = 2p(b_1) - p(b_2) - p(b_3) + \sqrt{2}\,\frac{\partial p}{\partial n}(b_{23}),$$

$$d_5 = \frac{1}{2}[p(b_3) - p(b_2)] + \frac{\partial p}{\partial n}(b_{13}) + \frac{1}{2}\sqrt{2}\,\frac{\partial p}{\partial n}(b_{23}).$$

Der Raum V_h wird nun charakterisiert durch

(i) v_h aus V_h gehört auf jedem Dreieck K zu $P_2(K)$.

(ii) v_h ist eindeutig bestimmt durch Vorgabe der Funktionswerte in den Ecken und der Normalableitungen in den Seitenmitten aller Dreiecke der Zerlegung

(iii) $v_h(b_i) = 0$, $\frac{\partial v_h}{\partial n}(b_{ij}) = 0$, falls b_i bzw. b_{ij} Randpunkte von Ω sind.

Zu prüfen ist, ob die Voraussetzungen zur eindeutigen Lösbarkeit des diskreten Problems erfüllt sind. Da v_h auf jedem K

ein Polynom ist, gilt: $v_h|_K$ gehört zu $\mathbf{H}^2(K)$. Aus

$$0 = \|v_h\|_h^2 = \sum_{i=1}^{M} \int\limits_{K_i} \left[\left(\frac{\partial^2 v_h}{\partial x^2}\right)^2 + 2\left(\frac{\partial^2 v_h}{\partial x\, \partial y}\right)^2 + \left(\frac{\partial^2 v_h}{\partial y^2}\right)^2\right] \mathrm{d}K_i$$

folgt zunächst, daß v_h auf jedem K zu $P_1(K)$ gehört und damit in der Form

$$p = d_0 + d_1 x + d_2 y$$

darstellbar ist. Nun gibt es ein Dreieck K_j, bei dem mindestens eine Seite mit dem Rand von Ω übereinstimmt. Die homogenen Randbedingungen erzwingen in diesem Dreieck $v_h|_{K_j} \equiv 0$. Auf diese Weise erhält man schrittweise (von außen nach innen) $v_h|_{K_i} \equiv 0$ für jedes i, also ist $v_h = 0$ auf $\bar{\Omega}$. Das diskrete Problem (7.9) besitzt damit eine eindeutige Lösung.

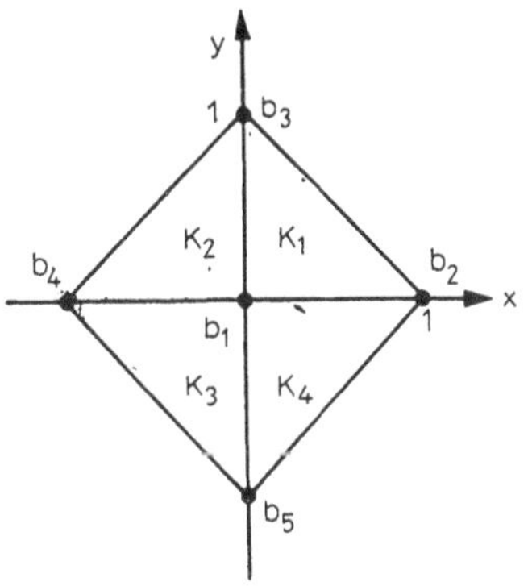

Abb. 45

Es sei vermerkt, daß die in (7.8) angegebene Bilinearform a_h^g i. allg. nicht durch die in (7.7) definierte Bilinearform a_h ersetzt werden kann. Sei beispielsweise Ω das in Abb. 45 zerlegte Quadrat. Die Funktion

$$v_h(x, y) = \begin{cases} x(1-x) - y(1-y) & \text{in } K_1, \\ x(1+x) + y(1-y) & \text{in } K_2, \\ -x(1+x) + y(1+y) & \text{in } K_3, \\ -x(1-x) - y(1+y) & \text{in } K_4 \end{cases}$$

gehört zu V_h. In den Ecken gilt nämlich

$$v_h(b_i) = 0 \quad \text{für} \quad i = 1, 2, \ldots, 5$$

und in den Seitenmitten am Rande

$$\frac{\partial v_h}{\partial n}(b_{ij}) = 0.$$

Ferner ist $\frac{\partial v_h}{\partial n}$ in den Punkten $b_{12}, b_{13}, b_{14}, b_{15}$ stetig. Wir erhalten

$$a_h(v_h, v_h) = \sum_{i=1}^{M} \int_{K_i} \Delta v_h \Delta v_h \, \mathrm{d}K_i = 0.$$

Angenommen a_h wäre positiv, so muß notwendigerweise wegen

$$0 = a_h(v_h, v_h) \geqq \alpha \, \|v_h\|_h^2$$

auch v_h Null sein. Da dies nicht der Fall ist, kann a_h nicht positiv auf V_h sein.

Wir vermerken darüber hinaus, daß die Elemente aus V_h nicht notwendig stetig sind. Betrachtet man beispielsweise das spezielle v_h auf der Kante b_1b_2 (s. Abb. 45), so gilt

$$v_h = \begin{cases} x(1 - x) & \text{in } K_1, \\ -x(1 - x) & \text{in } K_4. \end{cases}$$

v_h ist also mit Ausnahme der Eckpunkte unstetig.

Für das eingeführte Morley-Dreieck hat man folgendes Konvergenzresultat: Liegt die Lösung u des stetigen Problems im $\mathbf{H}^4(\Omega)$ und ist die Zerlegung des Gebietes regulär, so gilt die Fehlerabschätzung

$$\|u - u_h\|_h \leqq Ch.$$

Ist Ω ein konvexes Polygon, so liegt die Lösung u des stetigen Problems zwar immer im $\mathbf{H}^3(\Omega)$, aber nicht notwendig im $\mathbf{H}^4(\Omega)$. In dem Fall, daß alle Innenwinkel des Polygons kleiner als 126° sind, ist aber die Voraussetzung $u \in \mathbf{H}^4(\Omega)$ gesichert.

Abschließend betrachten wir Rechteckelemente. Sei $\bar{\Omega} = \bigcup_{i=1}^{M} K_i$ eine zulässige Zerlegung von Ω in Rechteckelemente und K ein beliebiges Rechteck mit den Ecken $b_1, \ldots, b_4$. Eine konforme FEM verlangt stetige Differenzierbarkeit entlang der Kanten der Zerlegung. Dies motiviert die Wahl der 12 Freiheitsgrade

$$p(b_i), \quad \frac{\partial p}{\partial x}(b_i), \quad \frac{\partial p}{\partial y}(b_i), \qquad i = 1, \ldots, 4.$$

Ein Polynom 3. Grades in x und y besitzt nur 10 unbestimmte Koeffizienten, ein Polynom 4. Grades 15 Freiheitsgrade. Als Ansatz für die Funktionen in P_K wählen wir nun

$$p = d_0 + d_1 x + d_2 y + d_3 x^2 + d_4 xy + d_5 y^2 + d_6 x^3 + d_7 x^2 y + d_8 xy^2 + d_9 y^3 + d_{10} x^3 y + d_{11} xy^3.$$

Entlang jeder Seite des Rechteckes ist p ein Polynom dritten Grades in einer Variablen. Die Untersuchung des durch Vorgabe der Werte $p(b_i)$, $\frac{\partial p}{\partial x}(b_i)$ und $\frac{\partial p}{\partial y}(b_i)$ entstehenden linearen Gleichungssystems zeigt, daß die $d_0, \ldots, d_{11}$ eindeutig bestimmt werden können. Damit ist V_h charakterisiert durch

(i) v_h aus V_h gehört auf jedem Rechteck K zum Raum P_K;

(ii) v_h ist eindeutig durch Vorgabe der Werte $p(b_i)$, $\frac{\partial p}{\partial x}(b_i)$, $\frac{\partial p}{\partial y}(b_i)$ in den Ecken der Zerlegung bestimmt;

(iii) $v_h(b_i) = \frac{\partial v_h}{\partial x}(b_i) = \frac{\partial v_h}{\partial y}(b_i) = 0$, falls b_i Randpunkt von Ω ist.

Weil nun entlang einer Seite des Rechteckes v_h ein Polynom vom Grade kleiner gleich drei in einer Variablen ist und v_h und deren Ableitung in den Ecken auf zwei benachbarten Rechteckelementen K_1, K_2 übereinstimmen, sind die Funktionen aus V_h zumindest stetig auf $\bar{\Omega}$. Insbesondere gilt dann $v_h = 0$ auf dem Rand von Ω. Die Elemente aus V_h sind i. allg. nicht stetig differenzierbar. Letzteres folgt aus der Tatsache, daß die Normalableitung längs einer Seite des Rechteckes ein Polynom vom Grade kleiner gleich drei in einer Variablen ist, das nur in den beiden Eckpunkten zweier benachbarter Rechtecke übereinstimmt. Die Normalableitungen entlang der Kanten sind i. allg. unstetig und folglich ist V_h nicht in V enthalten.

Für enie konforme Methode wären zusätzliche Freiheitsgrade notwendig. Ein Beispiel eines derartigen konformen Rechteckelements ist das *Bogner-Fox-Schmit-Rechteck* mit den 16 Freiheitsgraden

$$p(b_i), \quad \frac{\partial p}{\partial x}(b_i), \quad \frac{\partial p}{\partial y}(b_i), \quad \frac{\partial^2 p}{\partial x\, \partial y}(b_i), \qquad i = 1, \ldots, 4,$$

und dem Raum $P_K = Q_3$ aller Polynome dritten Grades in einer Variablen (vgl. [6]).
Zur Lösbarkeit der diskreten Aufgabe sei vermerkt, daß aus

$$0 = \|v_h\|_h^2 = \sum_{i=1}^{M} \int_{K_i} \left[\left(\frac{\partial^2 v_h}{\partial x^2}\right)^2 + 2\left(\frac{\partial^2 v_h}{\partial x\, \partial y}\right)^2 + \left(\frac{\partial^2 v_h}{\partial y^2}\right)^2\right] \mathrm{d}K_i$$

zunächst folgt, daß v_h auf jedem K_i linear ist und $\frac{\partial v_h}{\partial x}, \frac{\partial v_h}{\partial y}$ auf jedem K_i konstant sind. Aus der Stetigkeit der Ableitungen erster Ordnung in den Ecken folgt $\frac{\partial v_h}{\partial x} = \text{const.}$, $\frac{\partial v_h}{\partial y} = \text{const.}$ auf $\bar{\Omega}$. Die Randbedingungen für die Ableitungen ergeben $v_h = \text{const.}$ auf $\bar{\Omega}$ und die homogenen Randwerte führen zu $v_h = 0$ auf $\bar{\Omega}$. Damit ist die Lösbarkeitsvoraussetzung (NK) erfüllt, das diskrete Problem (7.9) ist eindeutig lösbar.

Liegt die Lösung u des stetigen Problems im Raum $\mathbf{H}^3(\Omega)$, so gilt für reguläre Zerlegungen von Ω die Fehlerabschätzung

$$\|u - u_h\|_h \leqq Ch.$$

Sind alle Rechtecke K_i kongruent und liegt u im $\mathbf{H}^4(\Omega)$, so hat man sogar

$$\|u - u_h\|_h \leqq Ch^2.$$

8. Gemischte Verfahren

8.1. *Gemischte Verfahren für die biharmonische Gleichung*

Wir betrachten das biharmonische Problem

$$\Delta^2 \lambda = -h \quad \text{in } \Omega, \qquad \lambda = \frac{\partial \lambda}{\partial n} = 0 \quad \text{auf } \Gamma. \tag{8.1}$$

In Kapitel 7 wurde bereits diskutiert, welche Nachteile eine konforme FEM zur Lösung von (8.1) besitzt und ferner eine nichtkonforme Methode zur Lösung vorgeschlagen. Diese nichtkonforme Methode basierte auf dem sogenannten Morley-Element;

es wurden also elementweise quadratische Ansatzfunktionen verwendet, aber nicht die Freiheitsgrade verwendet, die etwa zu Elementen vom Typ 2 führen. Der Vorteil gemischter Verfahren besteht darin, daß man die bei Gleichungen zweiter Ordnung bewährten Elemente erneut benutzen kann.

Man benötigt dazu eine Umformulierung des Ausgangsproblems (8.1), die entgegen der üblichen Formulierung von (8.1) als Variationsgleichung keine zweiten Ableitungen enthält. Dazu führen wir $u = \Delta\lambda$ als gleichberechtigte Unbekannte ein und schreiben die Ausgangsgleichung als

$$u - \Delta\lambda = 0, \qquad -\Delta u = h.$$

Jetzt überführen wir sie wie üblich durch Multiplikation mit v bzw. μ ($\mu|_\Gamma = 0$), Integration und Umformung mit Hilfe eines Integralsatzes in Variationsgleichungen und erhalten

$$\int\limits_\Omega uv\,\mathrm{d}x + \int\limits_\Omega \left(\frac{\partial v}{\partial x}\frac{\partial \lambda}{\partial x} + \frac{\partial v}{\partial y}\frac{\partial \lambda}{\partial y}\right)\mathrm{d}\Omega = 0,$$

$$\int\limits_\Omega \left(\frac{\partial u}{\partial x}\frac{\partial \mu}{\partial x} + \frac{\partial u}{\partial y}\frac{\partial \mu}{\partial y}\right)\mathrm{d}\Omega = \int\limits_\Omega h\mu\,\mathrm{d}\Omega.$$

In diesen Variationsgleichungen kommen nur erste Ableitungen von u, v, λ, μ vor. Zu dieser Umformulierung benötigen wir nur die Bedingung $\lambda|_\Gamma = 0$, die Randbedingung $\left.\frac{\partial\lambda}{\partial n}\right|_\Gamma = 0$ ist „natürliche" Randbedingung geworden. Für die vorkommenden Bilinearformen führen wir die Bezeichnungen ein

$$a(u, v) = \int\limits_\Omega uv\,\mathrm{d}\Omega,$$

$$b(v, \mu) = \int\limits_\Omega \left(\frac{\partial v}{\partial x}\frac{\partial \mu}{\partial x} + \frac{\partial v}{\partial y}\frac{\partial \mu}{\partial y}\right)\mathrm{d}\Omega.$$

Ist dann noch

$$f(v) \equiv 0, \qquad g(v) = \int\limits_\Omega hv\,\mathrm{d}\Omega,$$

so kann man die beiden Variationsgleichungen schreiben als

$$\begin{aligned} a(u, v) + b(v, \lambda) &= f(v) \quad \text{für alle} \quad v \in V, \\ b(u, \mu) &= g(\mu) \quad \text{für alle} \quad \mu \in W; \end{aligned} \tag{8.2}$$

in unserem konkreten Fall ist $V = \mathbf{H}^1$, $W = \mathbf{H}^1_0$.

Es seien $V_h \subset V$, $W_h \subset W$ endlichdimensionale Finite-Elemente-Räume. Das (8.2) zugeordnete diskrete Problem ist dann:

Gesucht sind $u_h \in V_h$ und $\lambda_h \in W_h$ mit

$$a(u_h, v_h) + b(v_h, \lambda_h) = f(v_h) \quad \text{für alle} \quad v_h \in V_h,$$

$$b(u_h, \mu_h) = g(\mu_h) \quad \text{für alle} \quad \mu_h \in W_h. \tag{8.3}$$

Nur scheinbar kann man W_h und V_h unabhängig voneinander wählen. Denkt man daran, daß λ_h eine Approximation von λ und u_h eine Approximation von $-\Delta\lambda$ sein soll, so ist klar, daß eine unabhängige Wahl der Räume nicht möglich ist. *Die Tatsache, daß man in* (8.3) (*oder auch* (8.2)) *die scheinbar unabhängigen Räume W_h und V_h so wählen muß, daß eine gewisse Bindung zwischen ihnen besteht, charakterisiert gemischte Methoden.*

Es ist üblich zu fordern, daß W_h und V_h der *Babuska-Brezzi-Bedingung* genügen:

$$\sup_{v_h \in V_h} \frac{b(v_h, \mu_h)}{\|v_h\|_V} \geqq \gamma \|\mu_h\|_W \quad \text{für alle } \mu_h \in W_h \text{ mit } \gamma > 0. \tag{8.4}$$

In unserem biharmonischen Fall sichert allein (8.4) die eindeutige Lösbarkeit des diskreten Problems, im allgemeinen Fall fordert man z. B. zusätzlich die Positivität der Bilinearform a auf V.

Sei Ω ein zweidimensionales konvexes Polygon. Wir verwenden eine reguläre Dreieckzerlegung und Elemente vom Typ k zur Festlegung von V_h und W_h, es gelte $\mu_h|_\Gamma = 0$ für $\mu_h \in W_h$. Die Bedingung (8.4) ist erfüllt, denn es gilt wegen $W_h \subset V_h$

$$\sup_{v_h \in V_h} \frac{b(v_h, \mu_h)}{\|v_h\|_1} \geqq \frac{b(\mu_h, \mu_h)}{\|\mu_h\|_1};$$

und da

$$b(\mu_h, \mu_h) = \int_\Omega \left[\left(\frac{\partial \mu_h}{\partial x}\right)^2 + \left(\frac{\partial \mu_h}{\partial y}\right)^2\right] d\Omega$$

ist, folgt (8.4) unmittelbar aus der Ungleichung von Friedrichs (Lemma 7.1).

Unter der Voraussetzung $\lambda \in \mathbf{H}^3$ und $u \in \mathbf{H}^2$ gilt für Dreieckelemente vom Typ 2 die Fehlerabschätzung

$$\|\lambda - \lambda_h\|_0 \leqq Ch^2, \qquad \|\lambda - \lambda_h\|_1 \leqq Ch^2,$$
$$\|u - u_h\|_0 \leqq Ch.$$

Die Verwendung linearer Elemente ist ebenfalls möglich [11].

Wir überlegen uns jetzt, welche Struktur das diskrete Problem besitzt. Sei M die Dimension von W_h, $M + N$ die Dimension von V_h (N ist dann die Zahl der Randknoten), die ψ_i ($i = 1, \ldots, M$) seien eine globale Basis in W_h bzw. für $i = 1, \ldots, M + N$ in V_h. Wir definieren folgende Matrizen

$$A^1 = [a(\psi_j, \psi_i)]_{i,j=1,\ldots,M}, \quad A^2 = [a(\psi_j, \psi_i)]_{\substack{i=1,\ldots,M\\ j=M+1,\ldots,M+N}},$$
$$A^3 = [a(\psi_j, \psi_i)]_{i,j=M+1,\ldots,M+N},$$
$$B^1 = [b(\psi_j, \psi_i)]_{i,j=1,\ldots,M}, \quad B^2 = [b(\psi_j, \psi_i)]_{\substack{i=1,\ldots,M\\ j=M+1,\ldots,M+N}}.$$

Dann sind A^1, A^3 und B^1 symmetrisch und positiv definit. Die dem diskreten Problem entsprechende Koeffizientenmatrix besitzt die Struktur

$$\begin{bmatrix} A^1 & A^2 & B^1 \\ (A^2)^T & A^3 & (B^2)^T \\ B^1 & B^2 & 0 \end{bmatrix},$$

sie ist symmetrisch, aber nicht positiv definit. Aufgrund ihrer speziellen Gestalt kann man aber aus den ersten M Gleichungen die Werte von λ_h in den inneren Knoten eliminieren, aus den letzten M Gleichungen die Werte von u_h in den inneren Knoten und erhält ein Gleichungssystem für die N unbekannten Werte von u_h in den Randknoten mit positiv definiter Koeffizientenmatrix.

Ähnlich kann man vorgehen bei den Grundgleichungen für eine Platte, indem man in den Gleichungen

$$M_{ij} = \alpha\delta_{ij}\,\Delta u + \beta\,\frac{\partial^2 u}{\partial x_i\,\partial x_j} \quad \text{mit } \delta_{ij} = \begin{cases} 1 \text{ für } i = j \\ 0 \text{ für } i \neq j \end{cases}$$

und $i, j = 1, 2$,

$$\sum_{i,j=1,2} \frac{\partial^2 M_{ij}}{\partial x_i\,\partial x_j} = h$$

für die Spannungsmomente M_{ij} und die Verschiebung u nicht die Spannungsmomente M_{ij} eliminiert, sondern als drei gleichberechtigte Unbekannte ansieht.

8.2. Gemischte Verfahren für die Laplace-Gleichung

Wir betrachten erneut das Dirichlet-Problem für die Laplacesche Differentialgleichung, also

$$-\Delta\lambda = h \quad \text{in } \Omega, \qquad \lambda = 0 \quad \text{auf } \Gamma. \tag{8.5}$$

Jetzt führen wir zwei neue Unbekannte ein mit $u_1 = \frac{\partial\lambda}{\partial x}$, $u_2 = \frac{\partial\lambda}{\partial y}$ und schreiben die Differentialgleichung in der Form

$$u_1 - \frac{\partial\lambda}{\partial x} = 0,$$

$$u_2 - \frac{\partial\lambda}{\partial y} = 0,$$

$$-\frac{\partial u_1}{\partial x} - \frac{\partial u_2}{\partial y} = h.$$

Multiplikation mit v_1, v_2, μ, Integration über Ω, Summation der ersten beiden Gleichungen und partielle Integration ergeben

$$\int\limits_\Omega (u_1v_1 + u_2v_2)\,\mathrm{d}\Omega + \int\limits_\Omega \lambda\left(\frac{\partial v_1}{\partial x} + \frac{\partial v_2}{\partial y}\right)\mathrm{d}\Omega = 0,$$

$$\int\limits_\Omega \mu\left(\frac{\partial u_1}{\partial x} + \frac{\partial u_2}{\partial y}\right)\mathrm{d}\Omega = -\int\limits_\Omega h\mu\,\mathrm{d}\Omega.$$

Nun definieren wir zur Vereinfachung die Vektoren u, v durch $u = (u_1, u_2)$, $v = (v_1, v_2)$ und benutzen

$$\operatorname{div} u = \frac{\partial u_1}{\partial x} + \frac{\partial u_2}{\partial y}, \qquad uv = u_1v_1 + u_2v_2.$$

Dann kann man schreiben

$$\int\limits_\Omega (u\cdot v)\,\mathrm{d}\Omega + \int\limits_\Omega \lambda \operatorname{div} v\,\mathrm{d}\Omega = 0 \quad \text{für alle} \quad v \in V, \tag{8.6}$$

$$\int\limits_\Omega \mu \operatorname{div} u\,\mathrm{d}\Omega = -\int\limits_\Omega h\mu\,\mathrm{d}\Omega \quad \text{für alle} \quad \mu \in W.$$

Offenbar ist (8.6) vom Typ der Gleichungen (8.2); jetzt ist

$$a(u, v) = \int\limits_\Omega (u\cdot v)\,\mathrm{d}\Omega, \qquad b(v, \mu) = \int\limits_\Omega \mu \operatorname{div} v\,\mathrm{d}\Omega.$$

Diese Formulierung besitzt folgende Vorteile: Zum einen ist die Randbedingung $\lambda|_\Gamma = 0$ „verschwunden", also „natürliche" Randbedingung geworden, zum anderen benötigt man für μ, v nur die Glattheitsvoraussetzungen

$$\mu \in W = \mathbf{L}^2(\Omega)$$
$$v \in V = \{(v_1, v_2) \text{ mit } v_1 \in L^2, v_2 \in \mathbf{L}^2 \text{ und div } v \in \mathbf{L}^2\}.$$

Dies hat zur Folge, daß es möglich ist, relativ einfache finite Elemente zu verwenden.

Es sei Ω wieder ein zweidimensionales konvexes Polygon, Ω wird regulär in Dreiecke zerlegt. Da W der Raum $\mathbf{L}^2(\Omega)$ ist, ist die einfachste Wahl von W_h

$$W_h = \{\mu_h, \text{ wobei } \mu_h \text{ auf jedem Dreieck } K \text{ eine Konstante ist}\}.$$

Schwieriger ist die Wahl von V_h, da $V_h \subset V$ gelten muß. Die Festlegung von V_h stützt sich auf folgende Aussage: Ist $v = (v_1, v_2)$ auf jedem Dreieck stetig differenzierbar, so ist div $v \in \mathbf{L}^2$ genau dann, wenn $v \cdot n$ längs benachbarter Dreiecksseiten stetig ist. Die einfachste Möglichkeit ist die Wahl

$$v_1|_K = a + bx, \qquad v_2|_K = c + by,$$

denn dann gilt auf einer Geraden $\alpha x + \beta y = \gamma$

$$v \cdot n = (a + bx)\,\alpha + (c + by)\,\beta = a\alpha + c\beta + b\gamma$$
$$= \text{const.}$$

Es seien die $\bar{b}_i$ die Mittelpunkte aller Dreiecksseiten der Zerlegung. Dann wird V_h aufgespannt durch Basisfunktionen $\psi_i = (a + bx, c + by)$ mit

$$\psi_i(\bar{b}_j) \cdot n = \begin{cases} 1 & \text{für } i = j \\ 0 & \text{für } i \neq j. \end{cases}$$

Die Freiheitsgrade sind also die Werte des Produktes $v \cdot n$ in den Seitenmitten der Dreiecke. Im Einheitsdreieck gilt z. B.

$$\psi_1 = (\xi, -1 + \eta),$$
$$\psi_2 = \left(\xi\sqrt{2}, \eta\sqrt{2}\right),$$
$$\psi_3 = (-1 + \xi; \eta).$$

Sei M die Anzahl der Dreiecke der Zerlegung und N die Anzahl der Mittelpunkte der Dreiecksseiten. Setzt man

$$\varkappa_i = \begin{cases} 1 & \text{in} \quad K_i \\ 0 & \text{sonst}, \end{cases}$$

so ist $\{\varkappa_i \mid i = 1, \ldots, M\}$ Basis in W_h.
Wir definieren folgende Matrizen:

$$A = [a(\psi_i, \psi_j)]_{i,j=1,\ldots,N}, \qquad B = [b(\psi_i\, \varkappa_j,)]_{\substack{i=1,\ldots,N \\ j=1,\ldots,M}}.$$

Dann ist A positiv definit und symmetrisch, und die dem diskreten Problem entsprechende Koeffizientenmatrix besitzt die Struktur

$$\begin{bmatrix} A & B \\ B^{\mathsf{T}} & 0 \end{bmatrix},$$

sie ist symmetrisch, aber nicht positiv definit. Man kann zeigen, daß die Bedingung (8.4) erfüllt ist und die eindeutige Lösbarkeit des diskreten Problems sichert. Löst man die ersten N Gleichungen nach den ersten N Variablen auf und setzt dies in die restlichen Gleichungen ein, so erhält man ein Gleichungssystem mit der Koeffizientenmatrix $C = B^{\mathsf{T}}A^{-1}B$, sie ist positiv definit und symmetrisch. Ein günstiges Lösungsverfahren, bei dem C nicht explizit benötigt wird, ist das vorkonditionierte konjugierte Gradientenverfahren.

Es gilt die Fehlerabschätzung

$$\|\lambda - \lambda_h\|_0 \leqq Ch, \qquad \|u - u_h\|_0 \leqq Ch.$$

Will man überlineare Konvergenz des Gradienten erreichen, so muß man V_h anders wählen. Sind $v_1|_K$ und $v_2|_K$ beliebige lineare Funktionen, so ist $v \cdot n$ auf dem Rand von K eine lineare Funktion in einer Variablen. Wählt man als Freiheitsgrade $v \cdot n$ in zwei Punkten jeder Dreiecksseite, so erhält man einen Finite-Elemente-Raum V_h mit der gewünschten Eigenschaft. Obwohl jedes lineare Polynom zu den $v_1|_K$ bzw. $v_2|_K$ aus V_h gehört, gilt aber nicht notwendig $V_h \subset \mathbf{H}^1$.

Betrachtet man z. B. die beiden Dreiecke der Abbildung 46, so gilt für

$$\psi_1 = \left(-\frac{1}{3}x, -2 + x + \frac{2}{3}y\right)$$

im Dreieck K_1

$$\psi_1 \cdot n = 1 \quad \text{im Knoten } 1,$$

$$\psi_1 \cdot n = 0 \quad \text{in den Knoten } 2, 3, 4, 5, 6.$$

ψ_1 ist im Dreieck K_2 identisch Null, auf dem Rand von K_1 gilt aber

$$\psi_1|_{x=0} = \left(0, \ -2 + \frac{2}{3} y\right);$$

damit gehört ψ_1 nicht zum $\mathbf{H}^1$.

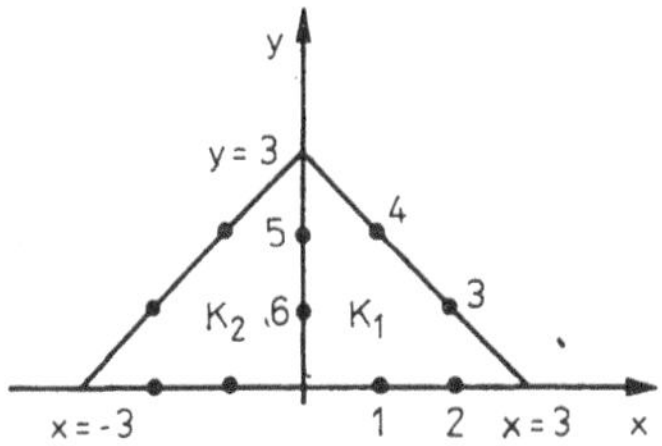

Abb. 46

Bei dieser Wahl von V_h ist die Bedingung (8.4) ebenfalls erfüllt. Mit der Festlegung

$$\|u\|_0 = \left(\int_\Omega u_1^2 \, d\Omega + \int_\Omega u_2^2 \, d\Omega\right)^{1/2}$$

gilt die Fehlerabschätzung

$$\|\lambda - \lambda_h\|_0 \leqq Ch, \qquad \|u - u_h\|_0 \leqq Ch^2.$$

Während also bei der konformen Methode mit linearen Ansatzfunktionen die Funktionswerte quadratisch konvergieren und der Gradient linear, ist es jetzt gerade umgekehrt: die Funktionswerte konvergieren linear, die Ableitungen quadratisch.

Johnson und Mercier [19] übertrugen diese Methode auf das Grundproblem der linearen Elastizitätstheorie, sie erhielten quadratische Konvergenz sowohl für die Verschiebungen als auch für die Spannungen. Ausgangspunkt ist eine Formulierung des Problems, in der die Spannungen nicht eliminiert sind und die nur erste Ableitungen enthält, und zwar

$$\frac{1}{2}\left(\frac{\partial u_i}{\partial x_j} + \frac{\partial u_j}{\partial x_i}\right) = \lambda(\sigma_{11} + \sigma_{22})\,\delta_{ij} + \mu\sigma_{ij}$$

mit

$$\delta_{ij} = \begin{cases} 1 \text{ für } i = j \\ 0 \text{ für } i \neq j, \end{cases} \quad i, j = 1, 2,$$

$$\frac{\partial \sigma_{11}}{\partial x_1} + \frac{\partial \sigma_{12}}{\partial x_2} = -g_1,$$

$$\frac{\partial \sigma_{21}}{\partial x_1} + \frac{\partial \sigma_{22}}{\partial x_2} = -g_2.$$

9. Nichtstationäre (parabolische) Aufgaben

9.1. Das stetige, das semidiskrete und das diskrete Problem

Wir betrachten folgende Randwertaufgabe für die Wärmeleitungsgleichung: Gesucht sei eine Funktion $u = u(x, y, t)$ mit

$$\frac{\mathrm{d}u}{\mathrm{d}t} - \Delta u = f(x, y, t)$$

$$\text{in } Q = \{(x, y, t) \text{ mit } (x, y) \in \Omega, 0 < t < T\} \tag{9.1}$$

$$u = 0 \quad \text{auf} \quad S_T = \{(x, y, t) \text{ mit } (x, y) \in \Gamma, 0 \leqq t \leqq T\},$$

$$u = u_0(x, y) \quad \text{für} \quad t = 0 \quad \text{und} \quad (x, y) \in \Omega.$$

Entsprechend dem Vorgehen in Kap. 1 bzw. Kap. 2 formulieren wir die Aufgabe um. Die Differentialgleichung wird mit einer Funktion $v(x, y)$ multipliziert ($v|_\Gamma = 0$), über Ω integriert, und es wird

$$-\int_\Omega \Delta u \cdot v \,\mathrm{d}\Omega = \int_\Omega \left(\frac{\partial u}{\partial x}\frac{\partial v}{\partial x} + \frac{\partial u}{\partial y}\frac{\partial v}{\partial y}\right) \mathrm{d}\Omega.$$

berücksichtigt. Es sei wieder

$$a(u, v) = \int_\Omega \left(\frac{\partial u}{\partial x}\frac{\partial v}{\partial x} + \frac{\partial u}{\partial y}\frac{\partial v}{\partial y}\right) \mathrm{d}\Omega.$$

Zweckmäßigerweise verwenden wir jetzt die Abkürzung

$$\int_\Omega \frac{\mathrm{d}u}{\mathrm{d}t} v \,\mathrm{d}\Omega = \left(\frac{\mathrm{d}u}{\mathrm{d}t}, v\right)$$

mit dem in 2.1 eingeführten Skalarprodukt von Funktionen des $\mathbf{L}^2$. Schreiben wir noch

$$\int_\Omega f(x, y, t)\, v(x, y)\, \mathrm{d}\Omega = (f, v)$$

so können wir (9.1) umformulieren zu: Gesucht wird eine Funktion u, so daß u für alle t im $\mathbf{H}_0^1(\Omega)$ liegt und

$$\begin{aligned} \left(\frac{\mathrm{d}u}{\mathrm{d}t}, v\right) + a(u, v) &= (f, v) \quad \text{für alle} \quad v \in \mathbf{H}_0^1(\Omega) \text{ und} \\ &\quad \text{für alle} \quad t \quad \text{mit} \quad 0 < t < T, \\ u &= u_0 \quad \text{für} \quad t = 0. \end{aligned} \tag{9.2}$$

Man kann analog wie in Kap. 2 allgemeinere Differentialausdrücke in den örtlichen Veränderlichen x, y und allgemeinere Randbedingungen betrachten. Es sei also V der Funktionenraum $\mathbf{H}_0^1(\Omega)$, $\mathbf{H}^1(\Omega)$ oder ein Raum zwischen diesen beiden Räumen, $a(u, v)$ eine auf V definierte Bilinearform, die positiv, symmetrisch und stetig ist (vgl. Satz 2.1).

Unser stetiges Ausgangsproblem ist: Gesucht sei eine Funktion u, so daß u für alle t in V liegt, $\dfrac{\mathrm{d}u}{\mathrm{d}t}$ im $\mathbf{L}^2(\Omega)$ und

$$\begin{aligned} \left(\frac{\mathrm{d}u}{\mathrm{d}t}, v\right) + a(u, v) &= (f, v) \quad \text{für alle} \quad v \in V, \\ u &= u_0 \quad \text{für} \quad t = 0. \end{aligned} \tag{9.3}$$

Wir setzen voraus, daß f für alle t im $\mathbf{L}^2(\Omega)$ liegt und daß $u_0 \in \mathbf{L}^2(\Omega)$. Man diskretisiert nun (9.3) in den örtlichen Variablen x, y mit Hilfe einer FEM. Sei V_h der entsprechende endlichdimensionale Finite-Elemente-Raum, $V_h \subset V$ (die Methode sei konform).

Dann ist das *semidiskrete Problem* gekennzeichnet durch: Gesucht ist eine Funktion u_h, so daß u_h für alle t in V_h liegt und

$$\begin{aligned} \left(\frac{\mathrm{d}u_h}{\mathrm{d}t}, v_h\right) + a(u_h, v_h) &= (f, v_h) \quad \text{für alle} \quad v_h \in V_h, \\ (u_h|_{t=0}, v_h) &= (u_0, v_h) \quad \text{für alle} \quad v_h \in V_h. \end{aligned} \tag{9.4}$$

(9.4) ist wieder Ausgangspunkt theoretischer Untersuchungen, praktisch benötigt man folgende Umformulierung gemäß den Überlegungen in Abschnitt 2.1. Man sucht eine Näherung u_h mit dem Ansatz

$$u_h = \sum_{i=1}^{N} u_i(t)\, w_i$$

mit den unbekannten Funktionen $u_i(t)$ und den Basisfunktionen w_i von V_h. Da (9.4) für alle $v_h \in V_h$ gilt, kann man $v_h = w_j$ setzen und erhält

$$\left(\frac{\mathrm{d}u_h}{\mathrm{d}t}, w_j\right) + a(u_h, w_j) = (f, w_j), \qquad j = 1, \ldots, N,$$
$$(u_h|_{t=0}, w_j) = (u_0, w_j).$$

Setzt man für u_h den obigen Ansatz ein und nutzt die Eigenschaften von Bilinearformen aus, so entsteht

$$\sum_{i=1}^{N} (w_i, w_j)\, u_i'(t) + \sum_{i=1}^{N} a(w_i, w_j)\, u_i(t) = (f, w_j), \qquad j = 1, \ldots, N,$$
$$\sum_{i=1}^{N} (w_i, w_j)\, u_i(0) = (u_0, w_j).$$

Wir führen nun folgende Abkürzungen ein:

$$A = [a_{ij}]_{i,j=1,\ldots,N}, \qquad a_{ij} = a(w_j, w_i),$$
$$D = [d_{ij}]_{i,j=1,\ldots,N}, \qquad d_{ij} = (w_i, w_j),$$
$$f_j(t) = (f, w_j), \qquad g_j = (u_0, w_j),$$
$$\tilde{u}(t) = [u_i(t)]_{i=1,\ldots,N}, \qquad \tilde{f}(t) = [f_j(t)]_{j=1,\ldots,N},$$
$$g = [g_j]_{j=1,\ldots,N}.$$

Dann kann man das semidiskrete Problem schreiben als

$$\begin{aligned} D\frac{\mathrm{d}\tilde{u}(t)}{\mathrm{d}t} + A\tilde{u}(t) &= \tilde{f}(t), \\ D\tilde{u}(0) &= g. \end{aligned} \tag{9.5}$$

Dies ist ein System von Differentialgleichungen, dem entspricht auch die Bezeichnung semidiskretes Problem. A und D sind positiv definite, symmetrische Matrizen; in praktischen Fällen ist ihre Dimension groß.

(9.5) kann man oft nur theoretisch exakt lösen. Praktisch ersetzt man die Zeitableitung durch eine geeignete Diskretisierung und kommt so zum *diskreten Problem*, einer Folge von Gleichungssystemen auf jeder Zeitschicht. Da die Diskretisierung der Zeitableitung nicht problemlos ist, widmen wir dieser Frage den folgenden Abschnitt.

Der nur an der Art und Weise einer zweckmäßigen Diskretisierung interessierte Leser findet diese in Abschnitt 9.3.

9.2. *Numerische Integration von Anfangswertaufgaben für Systeme von Differentialgleichungen erster Ordnung*

Es seien $f(t)$, $y(t)$, s N-dimensionale Vektoren und B eine Konstante $N \times N$-Matrix. Wir betrachten das lineare Differentialgleichungssystem

$$\frac{\mathrm{d}y}{\mathrm{d}t} = By + f(t), \tag{9.6}$$

$$y(0) = s.$$

Das semidiskrete Problem (9.5) ist von dieser Form, man muß lediglich mit D^{-1} multiplizieren, für die Matrix B würde insbesondere gelten $B = -D^{-1}A$.

Es gibt eine Reihe von Verfahren zur numerischen Integration von Differentialgleichungssystemen (vgl. [2]). Wir beschränken uns auf lineare *Mehrschrittverfahren* einfachsten Typs.

Das Intervall $[0, T]$ werde gleichmäßig zerlegt, es sei $t_m = m\Delta t$, $m = 0, 1, \ldots, M$, mit $M\Delta t = T$. Der Näherungswert für $y(t_m)$ sei y_m.

Einschrittverfahren kann man konstruieren, indem man ausgeht von der Identität

$$y(t_{m+1}) - y(t_m) = \int_{t_m}^{t_{m+1}} [By(t) + f(t)] \, \mathrm{d}t$$

und das Integral ersetzt durch die Quadraturformel

$$\int_{t_m}^{t_{m+1}} g(t) \, \mathrm{d}t \approx [\beta_1 g(t_{m+1}) + \beta_0 g(t_m)] \, \Delta t.$$

Man erhält die Verfahren ($y(t_m)$ wird noch durch y_m ersetzt)

$$\frac{y_{m+1} - y_m}{\Delta t} = B(\beta_0 y_m + \beta_1 y_{m+1}) + \beta_0 f(t_m) + \beta_1 f(t_{m+1}).$$

Bekannte Einschrittverfahren sind

das *Euler-Verfahren*

$$\frac{y_{m+1} - y_m}{\Delta t} = By_m + f(t_m), \qquad (\beta_0 = 1, \beta_1 = 0),$$

das *Euler-Rückwärts-Verfahren*

$$\frac{y_{m+1} - y_m}{\Delta t} = By_{m+1} + f(t_{m+1}), \qquad (\beta_0 = 0, \beta_1 = 1);$$

die *Trapezregel*

$$\frac{y_{m+1} - y_m}{\Delta t} = \frac{1}{2} B(y_m + y_{m+1}) + \frac{1}{2} [f(t_m) + f(t_{m+1})],$$

$$\left(\beta_0 = \beta_1 = \frac{1}{2}\right).$$

Mehrschrittverfahren erhält man, indem man ausgeht von

$$y(t_{m+j}) - y(t_{m+i}) = \int_{t_{m+i}}^{t_{m+j}} [By(t) + f(t)]\,\mathrm{d}t,$$

Quadraturformeln anwendet und die entstehenden Gleichungen für die y_k linear kombiniert. Ein *k-Schrittverfahren* schreibt man dann in der Form

$$\frac{1}{\Delta t} \sum_{j=0}^{k} \alpha_j y_{m+j} = \sum_{j=0}^{k} \beta_j \big(By_{m+j} + f(t_{m+j})\big). \tag{9.7}$$

Die Startwerte $y_1, \ldots, y_{k-1}$ zur Durchführung eines k-Schrittverfahrens gewinnt man mit Hilfe eines Einschrittverfahrens. Die das Verfahren kennzeichnenden Polynome

$$\varrho(\mu) = \sum_{j=0}^{k} \alpha_j \mu^j, \qquad \sigma(\mu) = \sum_{j=0}^{k} \beta_j \mu^j$$

spielen, wie wir im folgenden sehen werden, eine wesentliche Rolle.

Ein Verfahren heißt *explizit*, wenn $\beta_k = 0$ gilt; man kann dann auf jedem Zeitschritt y_{m+k} unmittelbar als Linearkombination von $y_{m+k-1}, \ldots, y_m$ berechnen. Ist β_k von Null verschieden, so heißt das Verfahren *implizit*, man muß dann auf jedem Zeitschritt ein Gleichungssystem mit der Koeffizientenmatrix $\alpha_k I - \Delta t \beta_k B$ lösen.

Wichtig ist nun die Frage der Konvergenz eines Verfahrens. Man sagt, ein Verfahren *konvergiert von der Ordnung p*, wenn eine von Δt unabhängige Konstante C_1 existiert, so daß für $\Delta t \leqq (\Delta t)_0$

$$|y(t_m) - y_m| \leqq C_1(\Delta t)^p \quad \text{für alle } m$$

gilt (wir bezeichnen mit $|y|$ das Maximum der Beträge der Komponenten des Vektors y). Eine Bedingung für die Konvergenz ist, daß (9.7) tatsächlich eine Approximation von (9.6) liefert, daß also der sogenannte lokale Fehler klein ist. Man sagt genauer, das Verfahren sei *konsistent von der Ordnung p*, wenn

$$\left|\frac{1}{\Delta t}\sum_{j=0}^{k}\alpha_j y(t_{m+j}) - \sum_{j=0}^{k}\beta_j[By(t_{m+j}) + f(t_{m+j})]\right| \leqq C_2(\Delta t)^p,$$

dabei ist y die exakte Lösung von (9.6).

Die oben konstruierten Einschrittverfahren sind konsistent von der Ordnung 1, wenn die Quadraturformel Konstanten exakt integriert ($\beta_0 + \beta_1 = 1$), konsistent von der Ordnung 2, wenn lineare Funktionen exakt integriert werden $\left(\beta_0 = \beta_1 = \frac{1}{2}\right)$. Das Euler- und das Euler-Rückwärts-Verfahren besitzen also die Konsistenzordnung 1, die Trapezregel die Ordnung 2. Die k-Schrittverfahren der Form (9.7) sind konsistent, wenn

$$\sum_{j=0}^{k}\alpha_j = 0, \qquad \sum_{j=1}^{k} j\alpha_j = \sum_{j=0}^{k}\beta_j.$$

Man kann zeigen, daß konsistente Einschrittverfahren konvergieren. Untersucht man die praktische Durchführbarkeit eines Einschrittverfahrens bei Benutzung einer Gleitpunktarithmetik mit fester Mantissenzahl, so stellt man aber fest, daß zu kleine Schrittweiten Δt das Anwachsen des Rundungsfehlereinflusses bewirken (vgl. [23]).

Eine Möglichkeit zur Erhöhung der Konvergenzordnung ist die Verwendung von Mehrschrittverfahren. Nicht alle konsistenten Mehrschrittverfahren konvergieren aber gut. Wir betrachten als Beispiel das Verfahren der Konsistenzordnung 3 mit

$$\varrho(\mu) = \mu^2 + 4\mu - 5, \qquad \sigma(\mu) = 2 + 4\mu.$$

Versucht man, mit dieser Methode das Problem

$$y' = -y, \qquad y(0) = 1 \qquad \left(y(t) = e^{-t}\right)$$

zu lösen, so stellt man fest, daß $y_{m+1} - y(t_{m+1})$ stark oszilliert. Die Ursache dafür ist das Verhalten der Lösungen der Differenzengleichung

$$y_{m+2} + 4(1 + \Delta t)\, y_{m+1} + (-5 + 2\Delta t)\, y_m = g.$$

Die homogene Differenzengleichung ($g = 0$), aus der man die Näherungen y_k bestimmt, besitzt nämlich oszillierende Lösungen der Form

$$y_j = \mu^j \quad \text{mit} \quad \mu \approx -5,$$

und die inhomogene Differenzengleichung ist dadurch gekennzeichnet, daß für kleine g die Lösungen der inhomogenen Gleichung nicht notwendig klein sind. Wäre dies der Fall, so könnte man aus der Konsistenz auf die Konvergenz schließen.

Ein Verfahren, für das die (9.7) zugeordnete Differenzengleichung

$$\sum_{j=0}^{k} \alpha_j y_{m+j} - \Delta t \sum_{j=0}^{k} \beta_j B y_{m+j} = g$$

für hinreichend kleines Δt die Eigenschaft besitzt, daß eine Abschätzung der Form

$$|y_j| \leqq C_3\, |g|$$

gültig ist, heißt *stabil.*

Die Stabilität eines Verfahrens sichert einmal, daß sich Fehler in den Daten bei der Lösung des diskreten Problems (9.7) nicht wesentlich auswirken, zum anderen impliziert Stabilität die Konvergenz konsistenter Verfahren, die Konvergenzordnung ist gleich der Konsistenzordnung.

Die Stabilitätsbedingung für Mehrschrittverfahren hat folgende Form („*Wurzelbedingung*"):

(a) keine Nullstelle von $\varrho(\mu)$ ist betragsmäßig größer als 1;
(b) die Nullstellen vom Betrag 1 sind einfach.

Konsistente Einschrittverfahren sind stabil, denn 1 ist einfache Nullstelle.

Auch bei Mehrschrittverfahren ist es so, daß die Lösung von (9.6) theoretisch beliebig genau approximiert werden kann, wenn Δt genügend klein wird. Praktisch kann man aber bei Benutzung einer Gleitpunktarithmetik wegen der Rundungsfehler nicht zu kleine Schrittweiten verwenden.

Wir untersuchen nun, welche Verfahren für sogenannte steife Systeme (wir definieren diesen Begriff im folgenden) geeignet sind. Dazu betrachten wir zunächst die eindimensionale Testgleichung

$$y' = \lambda y, \qquad (\lambda < 0).$$

Sie besitzt abklingende Lösungen der Form $e^{\lambda t}$. Es ist sinnvoll zu fordern, daß die Lösungen des diskreten Problems diese Eigenschaft widerspiegeln. Die Anwendung des k-Schrittverfahrens (9.7) liefert die Differenzengleichung

$$\sum_{j=0}^{k} \alpha_j y_{m+j} - \lambda \Delta t \sum_{j=0}^{k} \beta_j y'_{m+j} = 0. \tag{9.8}$$

Diese Differenzengleichung besitzt Lösungen der Form μ^j mit

$$\sum_{j=0}^{k} \alpha_j \mu^j - \lambda \Delta t \sum_{j=0}^{k} \beta_j \mu^j = 0,$$

also mit

$$\varrho(\mu) - \lambda \Delta t \sigma(\mu) = 0. \tag{9.9}$$

Damit die Lösungen der Differenzengleichung abklingen, fordern wir für die Wurzeln $\mu_i = \mu_i(\lambda\, \Delta t)$ von (9.9)

$$|\mu_i(\lambda \Delta t)| < 1. \tag{9.10}$$

Im allgemeinen schränkt die Bedingung (9.10) die möglichen Schrittweiten Δt ein.

Für das Euler-Verfahren folgt aus

$$(-1 + \mu) - \lambda \Delta t = 0$$

die Beziehung

$$\mu = 1 + \lambda \Delta t;$$

daraus ergibt sich die Bedingung $\Delta t < -\frac{2}{\lambda}$.

Für das Euler-Rückwärts-Verfahren ist $\mu = \frac{1}{1 - \lambda \Delta t}$, (9.10) also für alle Δt erfüllt.

Für die Trapezregel erhält man $\mu = \frac{1 + \frac{\lambda \Delta t}{2}}{1 - \frac{\lambda \Delta t}{2}}$, hier ist die Bedingung (9.10) ebenfalls stets erfüllt.

Diese Betrachtungen lassen sich auf Systeme linearer Differentialgleichungen mit konstanten Koeffizienten übertragen. Das Ausgangssystem habe die Form

$$y' = Ay, \qquad y(0) = s. \tag{9.11}$$

Die Matrix A sei diagonalisierbar, alle ihre Eigenwerte λ_i seien gekennzeichnet durch $\operatorname{Re} \lambda_i < 0$. Dann klingen die Lösungen von (9.11) für wachsendes t exponentiell ab.

Die entsprechende Forderung für das Verhalten der Lösungen der Differenzengleichung ist

$$|\mu_j(\lambda_i \Delta t)| < 1$$

für alle Eigenwerte λ_i von A.

Gibt es nun Eigenwerte, die betragsmäßig klein sind und solche, die betragsmäßig groß sind, so ist man durch letztere gezwungen, sehr kleine Schrittweiten Δt zu verwenden, obwohl die betragsmäßig großen Eigenwerte Bestandteilen der Lösung entsprechen, die sehr schnell abklingen, also fast keinen Einfluß auf die Lösung besitzen. Diese Situation ist typisch für sogenannte *steife Differentialgleichungen*; sie enthalten sowohl langsam als auch sehr rasch abklingende Lösungsanteile.

Günstig für steife Differentialgleichungen sind Verfahren mit der Eigenschaft

$$|\mu_j(\lambda \Delta t)| < 1$$

für alle λ mit $\operatorname{Re} \lambda < 0$, denn dann muß die Schrittweite Δt nicht notwendig sehr klein sein. Solche Verfahren heißen *A-stabil*.

Für A-stabile k-Schrittverfahren bewies Dahlquist: *Kein explizites Verfahren ist A-stabil; A-stabile, implizite k-Schrittverfahren besitzen höchstens die Konvergenzordnung 2.*

Das Euler-Verfahren als explizites Verfahren ist nicht A-stabil. Das Euler-Rückwärts-Verfahren ist A-stabil mit der Konvergenzordnung 1, die Trapezregel ist A-stabil mit der Konvergenzordnung 2.

A-stabile Einschrittverfahren zur Lösung von (9.6) besitzen allgemein die Form

$$\frac{y_{m+1} - y_m}{\Delta t} - B\big(\theta y_m + (1 - \theta)\, y_{m+1}\big) - \theta f(t_m) - (1 - \theta)\, f(t_{m+1}) = 0 \text{ mit } 0 \leqq \theta \leqq \frac{1}{2}, \tag{9.12}$$

für $\theta < \frac{1}{2}$ ist die Ordnung 1, für $\theta = \frac{1}{2}$ (Trapezregel) ist die Ordnung 2.

A-stabile Zweischrittverfahren der Ordnung 2 sind gekennzeichnet durch folgende Parameterkonstellation:

$$\alpha_0 = -1 + \alpha_2, \qquad \beta_0 = \frac{1}{2} - \alpha_2 + \beta_2,$$

$$\alpha_1 = 1 - 2\alpha_2, \qquad \beta_1 = \frac{1}{2} + \alpha_2 - 2\beta_2,$$

$$\alpha_2 \geqq \frac{1}{2}, \qquad \beta_2 > \frac{1}{2}\,\alpha_2.$$

Ein konkretes Beispiel ist das Verfahren

$$\frac{y_{m+2} - y_{m+1}}{\Delta t} - B\left(\left(\frac{1}{2} + \theta\right) y_{m+2} + \left(\frac{1}{2} - 2\theta\right) y_{m+1} + \theta y_m\right) - \left(\frac{1}{2} + \theta\right) f(t_{m+2}) - \left(\frac{1}{2} - 2\theta\right) f(t_{m+1}) + \theta f(t_m) = 0, \quad \theta > 0.$$

Untersuchungen zu Fragen der Schrittweitensteuerung bei der Verwendung nichtäquidistanter Schrittweiten findet man in [23].

9.3. Die Diskretisierung des semidiskreten Problems

Wir gehen aus vom semidiskreten Problem

$$D\,\frac{\mathrm{d}\tilde{u}(t)}{\mathrm{d}t} + A\tilde{u}(t) = \tilde{f}(t), \qquad D\tilde{u}(0) = g. \tag{9.5}$$

A und D sind positiv definite, symmetrische Matrizen, die Eigenwerte von A und D sind also positiv.

Nach Abschnitt 9.2 ist es für die Diskretisierung von (9.5) wichtig zu wissen, von welcher Größenordnung die Eigenwerte von D und A sind. Wir betrachten dazu den einfachsten möglichen Fall linearer eindimensionaler Ansatzfunktionen auf einem äquidistanten Netz. Dann gilt

$$D = \frac{h}{6}\begin{bmatrix} 4 & 1 & & 0 \\ 1 & 4 & \ddots & \\ & \ddots & \ddots & 1 \\ 0 & & 1 & 4 \end{bmatrix}, \quad A = \frac{1}{h}\begin{bmatrix} 2 & -1 & & 0 \\ -1 & 2 & \ddots & \\ & \ddots & \ddots & -1 \\ 0 & & -1 & 2 \end{bmatrix}.$$

Die Eigenwerte von D kann man mit dem Satz von Gerschgorin abschätzen. Danach gilt für alle Eigenwerte λ einer Matrix mit den Elementen c_{ij}

$$|c_{ii} - \lambda| \leqq \sum_{j \neq i} |c_{ij}|.$$

Für unsere konkrete Matrix D ergibt dies

$$\left|\lambda - \frac{2}{3}h\right| \leqq \frac{1}{3}h,$$

also

$$\frac{h}{3} \leqq \lambda \leqq h.$$

Das bedeutet: Alle Eigenwerte von D besitzen die gleiche Größenordnung (für $h \to 0$).

Für die Matrix A liefert der Satz von Gerschgorin

$$\left|\lambda - \frac{2}{h}\right| \leqq \frac{2}{h},$$

also

$$0 \leqq \lambda \leqq \frac{4}{h}.$$

Diese Abschätzung läßt noch keine zwingenden Schlüsse zu über die Größenordnung der Eigenwerte. Für unser konkretes A kann man die Eigenwerte explizit angeben, man erhält

$$\lambda_k = \frac{4}{h}\sin^2\frac{k\pi h}{2}, \qquad k = 1, \ldots, N-1.$$

Aus $Nh = 1$ folgt

$$\frac{\pi}{2}h \leqq \frac{k\pi h}{2} \leqq \frac{\pi}{2} - h\frac{\pi}{2}.$$

Für kleine h gilt demnach für den kleinsten Eigenwert

$$\lambda_1 \approx \pi^2 h,$$

für den größten

$$\lambda_{N-1} \approx \frac{4}{h}.$$

Die Eigenwerte von A sind also für kleine h von der Größenordnung her sehr verschieden.

Die an diesem Beispiel gewonnenen Aussagen gelten auch in allgemeineren Fällen, konkrete Abschätzungen findet man z. B. in [16].

Es ist daher zweckmäßig, zur Diskretisierung von (9.5) ein A-stabiles Verfahren zu verwenden. Wir benutzen das A-stabile Einschrittverfahren (9.12) und erhalten das diskrete Problem

$$\begin{aligned} &D\frac{u_{m+1} - u_m}{\Delta t} + A\big(\theta u_m + (1-\theta)\, u_{m+1}\big) \\ &= \theta\bar{f}(t_m) + (1-\theta)\,\bar{f}(t_{m+1}), \\ &Du_0 = \bar{g}, \quad 0 \leqq \theta \leqq \frac{1}{2}. \end{aligned} \tag{9.13}$$

In jedem Zeitschritt ist ein Gleichungssystem mit der positiv definiten Koeffizientenmatrix $D + \Delta t(1-\theta)\,A$ zu lösen. Der Fehler der Diskretisierung ist gekennzeichnet durch

$$|\bar{u}(m\Delta t) - u_m| \leqq \begin{cases} C\Delta t & \text{für } \theta < \frac{1}{2} \\ C(\Delta t)^2 & \text{für } \theta = \frac{1}{2} \end{cases}; \tag{9.14}$$

dabei bezeichnen wir mit $|y|$ wieder das Maximum der Beträge der Komponenten des Vektors y, C ist eine Konstante.

9.4. Eine Gesamtfehlerabschätzung

Wir betrachten den Spezialfall der zweidimensionalen Wärmeleitungsgleichung mit homogenen Dirichletschen Randbedingungen (9.1), gehen also aus von

$$\left(\frac{\mathrm{d}u}{\mathrm{d}t}, v\right) + a(u, v) = (f, v) \quad \text{für alle} \quad v \in \mathbf{H}_0^1$$

$$u|_{t=0} = u_0 \tag{9.2}$$

mit

$$a(u, v) = \int\limits_\Omega \left(\frac{\partial u}{\partial x}\frac{\partial v}{\partial x} + \frac{\partial u}{\partial y}\frac{\partial v}{\partial y}\right) \mathrm{d}\Omega .$$

Zunächst untersuchen wir den Fehler $z_h = u - u_h$ zwischen der Lösung des stetigen und der Lösung des semidiskreten Problems.

Subtrahiert man (9.2) und (9.4), so erhält man für den Fehler z_h

$$(z_h', v_h) + a(z_h, v_h) = 0, \tag{9.15$_1$}$$

$$\big(z_h(0), v_h\big) = 0. \tag{9.15$_2$}$$

$v_h \in \mathbf{H}_0^1$ ist beliebig, wir ersetzen in der ersten Gleichung v_h durch $v_h = -u_h(t) + w_h(t) = z_h(t) - u(t) + w_h(t)$ mit beliebigem $w_h(t) \in \mathbf{H}_0^1$. Dann folgt

$$(z_h', z_h) + a(z_h, z_h) = (z_h', u - w_h) + a(z_h, u - w_h). \tag{9.16}$$

Wir führen erneut die schon mehrfach benutzte Abkürzung ein

$$|z_h|_1^2 = a(z_h, z_h)$$

und benutzen zur Umformung von (z_h', z_h) und $(z_h', u - w_h)$ *die Formel der partiellen Integration*: Ist nämlich $x(t) \in \mathbf{H}_0^1$, $x'(t) \in \mathbf{L}^2$ und hat $y(t)$ dieselben Eigenschaften, so ist

$$\int\limits_0^t [(x', y) + (x, y')] \,\mathrm{d}t = \big(x(t), y(t)\big) - \big(x(0), y(0)\big).$$

Integration von (9.16) über t liefert mit der eingeführten Abkürzung zunächst

$$\int\limits_0^t (z_h', z_h) \,\mathrm{d}t + \int\limits_0^t |z_h|_1^2 \,\mathrm{d}t$$

$$= \int\limits_0^t (z_h', u - w_h) \,\mathrm{d}t + \int\limits_0^t a(z_h, u - w_h) \,\mathrm{d}t;$$

die Anwendung der partiellen Integration liefert

$$\frac{1}{2}\left[(z_h, z_h) - (z_h(0), z_h(0))\right] + \int_0^t |z_h|_1^2 \,\mathrm{d}t$$

$$= (z_h, u - w_h) - (z_h(0), u(0) - w_h(0))$$

$$- \int_0^t \left(z_h, \frac{\mathrm{d}u}{\mathrm{d}t} - \frac{\mathrm{d}w_h}{\mathrm{d}t}\right) \mathrm{d}t + \int_0^t a(z_h, u - w_h)\,\mathrm{d}t .$$

Berücksichtigt man

$$(z_h, z_h) = \|z_h\|^2 = \int_\Omega (z_h(x, y, t))^2 \,\mathrm{d}\Omega$$

($\|z_h\|$ ist also jetzt eine Funktion von t) und die Schwarzsche Ungleichung (2.4)*

$$|(x, y)| \leqq \|x\| \, \|y\| ,$$

so erhält man

$$\frac{1}{2}\|z_h\|^2 + \int_0^t |z_h|_1^2 \,\mathrm{d}t \leqq \frac{1}{2}\|z_h(0)\|^2 + \|z_h\| \, \|u - w_h\|$$

$$+ \|z_h(0)\| \, \|u(0) - w_h(0)\| - \int_0^t \left(z_h, \frac{\mathrm{d}u}{\mathrm{d}t} - \frac{\mathrm{d}w_h}{\mathrm{d}t}\right) \mathrm{d}t$$

$$+ \int_0^t a(z_h, u - w_h)\,\mathrm{d}t .$$

Auch auf die letzten beiden Summanden wird nun die Schwarzsche Ungleichung angewandt. Zum Beispiel gilt

$$\left|\int_0^t \left(z_h, \frac{\mathrm{d}u}{\mathrm{d}t} - \frac{\mathrm{d}w_h}{\mathrm{d}t}\right) \mathrm{d}t\right| \leqq \int_0^t \|z_h\| \cdot \left\|\frac{\mathrm{d}u}{\mathrm{d}t} - \frac{\mathrm{d}w_h}{\mathrm{d}t}\right\| \mathrm{d}t$$

$$\leqq \left(\int_0^t \|z_h\|^2 \,\mathrm{d}t\right)^{1/2} \left(\int_0^t \left\|\frac{\mathrm{d}u}{\mathrm{d}t} - \frac{\mathrm{d}w_h}{\mathrm{d}t}\right\|^2 \mathrm{d}t\right)^{1/2} .$$

Also hat man

$$\frac{1}{2}\|z_h\|^2 + \int_0^t |z_h|_1^2\,dt \leqq \frac{1}{2}\|z_h(0)\|^2 + \|z_h(0)\|\,\|u(0) - w_h(0)\|$$
$$+ \|z_h\|\,\|u - w_h\| + \left(\int_0^t \|z_h\|^2\,dt\right)^{1/2} \left(\int_0^t \left\|\frac{du}{dt} - \frac{dw_h}{dt}\right\|^2\right)^{1/2}$$
$$+ \left(\int_0^t |z_h|_1^2\,dt\right)^{1/2} \left(\int_0^t |u - w_h|_1^2\,dt\right)^{1/2}.$$

Die letzten drei Summanden der rechten Seite werden nun umgeformt mit Hilfe der Ungleichung vom arithmetischen und geometrischen Mittel

$$ab \leqq \frac{a^2}{4\varepsilon} + \varepsilon b^2 \qquad (\varepsilon > 0, \text{beliebig}).$$

Auf diese Weise kommt man zu

$$\left(\frac{1}{2} - \varepsilon_1\right)\|z_h\|^2 + (1 - \varepsilon_2)\int_0^t |z_h|_1^2\,dt - \varepsilon_3 \int_0^t \|z_h\|^2\,dt$$
$$\leqq \frac{1}{2}\|z_h(0)\|^2 + \|z_h(0)\|\,\|u(0) - w_h(0)\| + \frac{1}{4\varepsilon_1}\|u - w_h\|^2$$
$$+ \frac{1}{4\varepsilon_2}\int_0^t |u - w_h|_1^2\,dt + \frac{1}{4\varepsilon_3}\int_0^t \left\|\frac{du}{dt} - \frac{dw_h}{dt}\right\|^2 dt. \quad (9.17)$$

Die Friedrichsche Ungleichung (vgl. Lemma 7.1)

$$|z_h|_1^2 \geqq C\,\|z_h\|^2$$

ermöglicht die Abschätzung ($0 < \gamma < 1$, beliebig)

$$(1 - \varepsilon_2)\int_0^t |z_h|_1^2\,dt - \varepsilon_3 \int_0^t \|z_h\|^2\,dt \geqq$$
$$\min\{(1 - \varepsilon_2)\,\gamma;\ (1 - \varepsilon_2)(1 - \gamma)\,C - \varepsilon_3\} \int_0^t \|z_h\|_1^2\,dt;$$

wählt man ε_3 hinreichend klein, so ist das Minimum positiv.

Aus

$$\left(z_h(0), z_h(0)\right) = \left(z_h(0), z_h(0) - w_h(0)\right)$$

(dies gilt nach (9.15₂)) folgt nach der Schwarzschen Ungleichung

$$\|z_h(0)\| \leqq \|z_h(0) - w_h(0)\|.$$

Berücksichtigt man die eben gewonnenen Abschätzungen, so erhalten wir aus (9.17) letztlich

$$\|z_h\|^2 + C_1 \int_0^t \|z_h\|_1^2 \, dt \leqq C_2 \left(\|u - w_h\|^2 + \|u(0) - w_h(0)\|^2 \right.$$

$$\left. + \int_0^t \left\| \frac{du}{dt} - \frac{dw_h}{dt} \right\|^2 dt + \int_0^t |u - w_h|_1^2 \, dt \right). \qquad (9.18)$$

Während auf der linken Seite von (9.18) nur der Fehler z_h auftaucht, hängt die rechte Seite nur davon ab, wie gut man mit Funktionen $w_h \in V_h$ die exakte Lösung approximieren kann; wieder ist also das Konvergenzproblem auf ein Approximationsproblem zurückgeführt. Ω sei konvex, die Zerlegung des Gebietes sei regulär. Der Finite-Elemente-Raum V_h sei so gewählt, daß $P_K \supset P_k$. Die Lösung des parabolischen Problems sei (abhängig von k) entsprechend glatt. Dann gilt für den Fehler

$$\left(\int_0^T \|u - u_h\|_1^2 \, dt \right)^{1/2} \leqq Ch^k.$$

Fehlerabschätzungen in anderen Normen findet man z. B. in [7]. Für lineare Elemente gilt insbesondere

$$\left(\int_0^T \|u - u_h\|_1^2 \, dt \right)^{1/2} \leqq Ch,$$

$$\left(\int_0^T \|u - u_h\|^2 \, dt \right)^{1/2} \leqq Ch^2, \qquad (9.19)$$

$$\max_Q |u - u_h| \leqq Ch^{2-\varepsilon}, \qquad \varepsilon > 0, \text{ beliebig}.$$

Den Gesamtfehler erhält man durch Kombination der Fehlerabschätzung für die Diskretisierung des semidiskreten Problems

(9.14) und (9.19). Es war

$$u_h = \sum_{i=1}^{N} u_i(t)\, w_i,$$

$\tilde{u}$ der Vektor der $u_i(t)$, u_m der Vektor, der $\tilde{u}(m\Delta t)$ approximiert. Es sei u_{jm} die j-te Komponente dieses Vektors. Nach (9.14) gilt

$$|u_i(m\Delta t) - u_{im}| \leqq \begin{cases} C\Delta t & \text{für } \theta < \frac{1}{2}, \\ C(\Delta t)^2 & \text{für } \theta = \frac{1}{2}. \end{cases}$$

Es sei nun

$$u_{hj} = \sum_{i=1}^{N} u_{ij} w_i .$$

Dann gilt z. B. für lineare Elemente

$$\max_{\Omega} |u(t_j) - u_{hj}| \leqq \max_{\Omega} |u(t_j) - u_h(t_j)| + \max_{\Omega} |u_h(t_j) - u_{hj}|$$

$$\leqq Ch^{2-\varepsilon} + \max_{\Omega} \left| \sum_{i=1}^{N} \left(u_i(t_j) - u_{ij}\right) w_i \right|,$$

also hat man für den Gesamtfehler

$$\max_{\Omega} |u(t_j) - u_{hj}| \leqq C \begin{cases} h^{2-\varepsilon} + \Delta t & \text{für } \theta < \frac{1}{2}, \\ h^{2-\varepsilon} + (\Delta t)^2 & \text{für } \theta = \frac{1}{2}. \end{cases}$$

10. Numerische Ergebnisse (Beispiele)

10.1. *Eine Randwertaufgabe für eine Gleichung zweiter Ordnung*

Wir betrachten als Testbeispiel

$$\begin{aligned} -\frac{\partial^2 u}{\partial x^2} - \frac{\partial^2 u}{\partial y^2} + 4y(1-y)\frac{\partial u}{\partial x} + u &= g \quad \text{in } \Omega \\ u &= 0 \quad \text{auf } \Gamma, \end{aligned} \tag{10.1}$$

wobei Ω das Quadrat $0 \leqq x, y \leqq 1$ ist und g so gewählt wurde, daß (10.1) die exakte Lösung

$$u(x, y) = (x^3 + y^3 + 1)\, xy(x - 1)\,(y - 1) \tag{10.2}$$

besitzt. Benutzt werden Dreieckelemente und Rechteckelemente vom Typ 1 und Typ 2, ausgehend von einer regelmäßigen Vernetzung gemäß Abb. 47:
Die Knotennumerierung erfolgt zeilenweise von unten nach oben, innerhalb der Zeile von links nach rechts. Tabelle 12 gibt für verschiedene M einen Überblick über die Dimension N des entstehenden Gleichungssystems, die Anzahl der für die Felder der Koeffi-

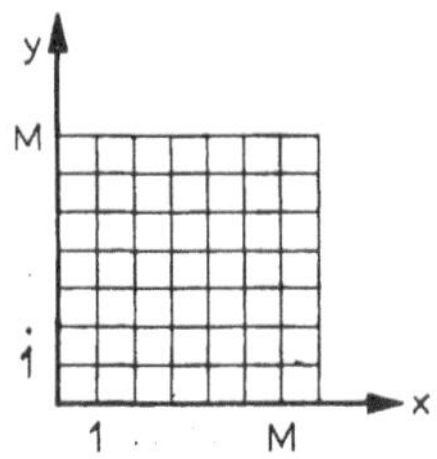

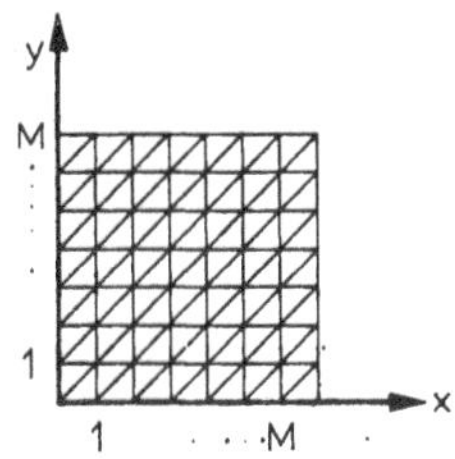

Abb. 47

zientenmatrix und des Vektors der rechten Seite insgesamt abzuspeichernden Elemente LGES, die Anzahl der Nichtnullelemente NNE davon und den Speicherplatz in K-Byte bei REAL*8-Arithmetik und zeilenweiser Bandabspeicherung.

Tabelle 12

	M	N	LGES	NNE	Speicherplatz K
Typ 1	9	81	1727	754	13.8
	14	196	6152	1874	49.2
	19	361	14952	3494	119.6
	24	576	29627	5614	237.0
Typ 2	5	121	5750	2737	46.0
	7	225	14322	5173	114.6
	9	361	28782	8377	230.3
	10	441	38700	10267	309.6

Die Auswertung der Integrale erfolgte mit passenden Integrationsformeln gemäß Abschnitt 5.3. Das nichtsymmetrische Gleichungssystem wird mit einem Gauß-Verfahren für Bandmatrizen mit Spaltenpivotisierung (s. 3.1) gelöst. Die Rechnung erfolgte auf einem ES 1040.

In Tabelle 13 sind von den relativen Fehlern der berechneten Näherungslösungen in den einzelnen Knoten die jeweils größten eingetragen. Die Gesamtzeit (für den Aufbau und die Lösung

Tabelle 13

		$M = 11$	$M = 13$	$M = 15$
Typ 1	Rechtecke	$1.3\ 10^{-2}$	$1.0\ 10^{-2}$	$8.2\ 10^{-3}$
	Dreiecke	$2.4\ 10^{-2}$	$1.9\ 10^{-2}$	$1.6\ 10^{-2}$
		$M = 5$	$M = 6$	$M = 7$
Typ 2	Rechtecke	$4.1\ 10^{-4}$	$2.7\ 10^{-4}$	$1.9\ 10^{-4}$
	Dreiecke	$2.2\ 10^{-3}$	$1.4\ 10^{-3}$	$8.7\ 10^{-4}$

des Gleichungssystems) der jeweiligen Testrechnungen betrüg zwischen 5,1 Sekunden (Dreiecke vom Typ 1, $M = 11$, REAL*8) und 25,4 Sekunden (Dreiecke vom Typ 2, $M = 7$, REAL*4). Bei REAL*4-Arithmetik erzielt man etwa die gleiche Genauigkeit und benötigt nur den halben Speicherplatz.

10.2. Ein Strömungsproblem

Wir betrachten die stationäre Strömung eines inkompressiblen, viskosen Mediums für kleine Reynolds-Zahlen. Sei $u = (u_1, u_2)$ der Geschwindigkeitsvektor, p der Druck. Gesucht sind dann u und p derart, daß

$$\begin{aligned} &-\Delta u + \operatorname{grad} p = g \quad \text{in } \Omega, \\ &\operatorname{div} u = 0 \quad \text{in } \Omega, \\ &u = 0 \quad \text{auf } \Gamma. \end{aligned} \tag{10.3}$$

Dabei ist $\operatorname{div} u = \dfrac{\partial u_1}{\partial x} + \dfrac{\partial u_2}{\partial y}$, Δu der Vektor $\begin{pmatrix} \Delta u_1 \\ \Delta u_2 \end{pmatrix}$, $\operatorname{grad} p$ der Vektor $\begin{pmatrix} \dfrac{\partial p}{\partial x} \\ \dfrac{\partial p}{\partial y} \end{pmatrix}$, g ein gegebener Vektor.

In Abschnitt 2.1 haben wir bereits eine mögliche Überführung von (10.3) in eine Variationsgleichung angegeben. Sie besitzt den Nachteil, daß die Bedingung $\operatorname{div} u = 0$ den Raum V mit charakterisiert. Jetzt gehen wir auf eine zweite Möglichkeit ein. Wir multiplizieren die erste Gleichung von (10.3) mit v, die zweite mit μ, integrieren über Ω und wenden Integralsätze an. Das führt zu der neuen Formulierung des Problems

$$\begin{aligned} a(u, v) + b(v, p) &= (g, v) \quad \text{für alle} \quad v \in V \\ b(u, \mu) &= 0 \qquad\quad \text{für alle} \quad \mu \in M \end{aligned} \tag{10.4}$$

mit

$$a(u, v) = \int_\Omega \left[\frac{\partial u_1}{\partial x}\frac{\partial v_1}{\partial x} + \frac{\partial u_1}{\partial y}\frac{\partial v_1}{\partial y} + \frac{\partial u_2}{\partial x}\frac{\partial v_2}{\partial x} + \frac{\partial u_2}{\partial y}\frac{\partial v_2}{\partial y}\right] \mathrm{d}\Omega,$$

$$b(v, \mu) = -\int_\Omega \mu \operatorname{div} v \, \mathrm{d}\Omega,$$

$$(g, v) = \int_\Omega (g_1 v_1 + g_2 v_2) \, \mathrm{d}\Omega,$$

$$V = \{(v_1, v_2) \text{ mit } v_1 \in \mathbf{H}_0^1, v_2 \in \mathbf{H}_0^1\},$$

$$M = \mathbf{L}^2(\Omega).$$

Ein gemischtes Verfahren (vgl. Kap. 8) erzeugt das zugeordnete diskrete Problem

$$\begin{aligned} a(u_h, v_h) + b(v_h, p_h) &= (g, v_h) \quad \text{für alle} \quad v_h \in V_h, \\ b(u_h, \mu_h) &= 0 \qquad\quad \text{für alle} \quad \mu_h \in M_h. \end{aligned} \tag{10.5}$$

V_h und M_h kann man nicht unabhängig voneinander wählen. Ω sei vernetzt durch eine reguläre Dreieckszerlegung. Die Anzahl der inneren Dreiecke sei N_T, die Anzahl der inneren Knoten sei N_E. Wir versuchen nun folgende Wahl:

$$V_h = \{v_h \text{ ist stetig auf } \bar{\Omega}, \text{ linear auf jedem Dreieck}, v_h|_\Gamma = 0\},$$

$$M_h = \{q_h, \text{ wobei } q_h \text{ auf jedem Dreieck konstant ist}\}.$$

Damit besitzt jedes v_h genau N_E Freiheitsgrade, die Nebenbedingung $(\operatorname{div} v_h, q_h) = 0$ für alle $q_h \in M_h$ liefert genau N_T Gleichungen. Nun gilt stets $N_T > N_E$, also besteht V_h nur aus dem Nullelement. Bei komplizierterer Wahl von M_h wird das Verhältnis der Freiheitsgrade zur Anzahl der Gleichungen noch ungünstiger.

Somit ist die Verwendung von Dreieckelementen vom Typ 1 für die Geschwindigkeit nicht möglich. Ein Ausweg ist die Anwendung von Dreieckelementen vom Typ 2 oder 2′ (s. [26]) oder von Rechteckelementen vom Typ 1 (s. [17]). Wir skizzieren eine weitere Möglichkeit, eine nichtkonforme Methode.

M_h lassen wir unverändert, für die Geschwindigkeit verwenden wir die nichtkonformen, stückweise linearen Ansatzfunktionen aus Abschnitt 7.1.3. $a_h(u_h, v_h)$ und $b_h(v_h, p_h)$ mögen sich aus a bzw. b ergeben, indem man die Integration über Ω ersetzt durch Integrationen über die einzelnen Dreiecke der Zerlegung und summiert. Das diskrete Problem ist dann

$$\begin{aligned} a_h(u_h, v_h) + b_h(v_h, p_h) &= (g, v_h) \quad \text{für alle} \quad v_h \in V_h, \\ b_h(u_h, \mu_h) &= 0 \quad \text{für alle} \quad \mu_h \in M_h. \end{aligned} \tag{10.6}$$

Da $v_h \in V_h$ ja ein zweidimensionaler Vektor ist, verwenden wir als Basis in V_h

$$\{(w_i, 0), (0, w_i)\}$$

mit den Basisfunktionen w_i gemäß Abschnitt 7.1 (vgl. Abb. 42). Zur Lösung des diskreten Problems (10.6) könnte man wie in 8.2 beschrieben vorgehen und ein vorkonditioniertes Gradientenverfahren verwenden. Wir testen hier eine andere oft benutzte Vorgehensweise, das sogenannte *Druck-Iterationsverfahren* (oder auch *UZAWA-Algorithmus*). Mit

$$u_h^m = \left(\sum_{i=1}^{N} x_i^m w_i, \sum_{i=1}^{N} y_i^m w_i\right)$$

erhält man für einen Iterationsschritt

$$\left.\begin{aligned} \sum_{j=1}^{N} x_j^m a_{ij} &= (g_1, w_i) + \sum_K p_h^{m-1}(K)\,\mu(K)\,\frac{\partial w_i}{\partial x}(K) \\ \sum_{j=1}^{N} y_j^m a_{ij} &= (g_2, w_i) + \sum_K p_h^{m-1}(K)\,\mu(K)\,\frac{\partial w_i}{\partial y}(K) \end{aligned}\right\} i = 1, \ldots, N \tag{10.7}$$

$$p_h^m(K) = p_h^{m-1}(K) - \varrho(\operatorname{div} u_h^m)(K) \quad \text{für alle Dreiecke } K$$

(ϱ ist eine Konstante, p_h^0 wird identisch Null gewählt). Dabei berechnen sich die a_{ij} aus

$$a_{ij} = \sum_K \mu(K) \left[\frac{\partial w_i}{\partial x}(K) \frac{\partial w_j}{\partial x}(K) + \frac{\partial w_i}{\partial y}(K) \frac{\partial w_j}{\partial y}(K) \right],$$

die Summation erstreckt sich über die (höchstens 2) Dreiecke, zu denen beide Knoten b_i, b_j gehören. In jedem Iterationsschritt sind zwei Gleichungssysteme mit derselben Koeffizientenmatrix A zu lösen. A ist symmetrisch, positiv definit und schwach besetzt mit höchstens 5 Elementen pro Zeile. Deshalb wird nur das Band abgespeichert und zur Lösung eine entsprechende Variante des Cholesky-Verfahrens genutzt.

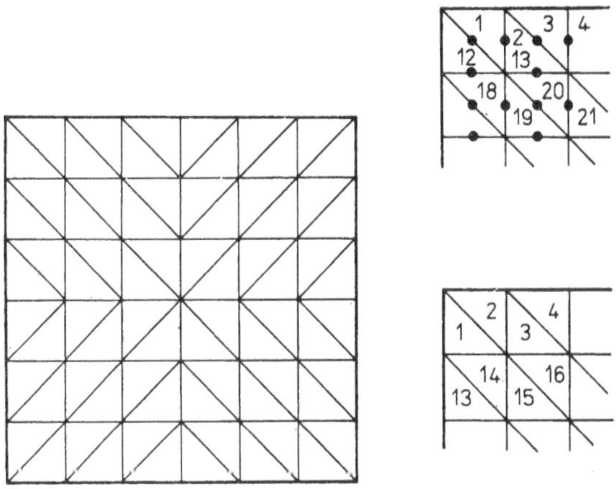

Abb. 48

Als erstes Testbeispiel betrachten wir die Strömung in einem quadratischen Gebiet $\Omega = \{(x, y) \text{ mit } 0 \leqq x \leqq 1, 0 \leqq y \leqq 1\}$, wenn für die Strömungsgeschwindigkeit auf dem Rande vorgegeben ist

$$u_1 = \begin{cases} c & \text{für } y = 1, \\ 0 & \text{sonst}, \end{cases} \qquad u_2 = 0,$$

c ist eine Konstante. g wird als Null vorausgesetzt. Wir verwenden eine Vernetzung mit 72 Dreiecken, 120 Knoten (96 inneren) gemäß Abb. 48. Die Numerierung der Knoten und der Dreiecke erfolgte fortlaufend von links nach rechts (vgl. Abb. 48).

Für ϱ ergeben Testrechnungen, daß die Wahl $\varrho = 0.95$ günstig ist. Als Abbruchkriterium wurde gewählt

$$\max_K |(\operatorname{div} u_h^m)(K)| \leqq \varepsilon .$$

Als Ergebnis ergab sich ein Geschwindigkeitsfeld gemäß Abb. 49.

Als zweites Testbeispiel betrachten wir die Strömung zwischen zwei rotierenden, i. allg. nichtkonzentrischen, unendlich langen Zylindern. Dabei sei die Winkelgeschwindigkeit des äußeren Zylinders konstant, der innere Zylinder ruhe.

Zur Vernetzung werden in die Fläche zwischen dem äußeren und dem inneren Kreis zusätzlich Kreise gezeichnet. Der äußere Kreis habe den Mittelpunkt (0, 0) und den Radius r_2, der innere

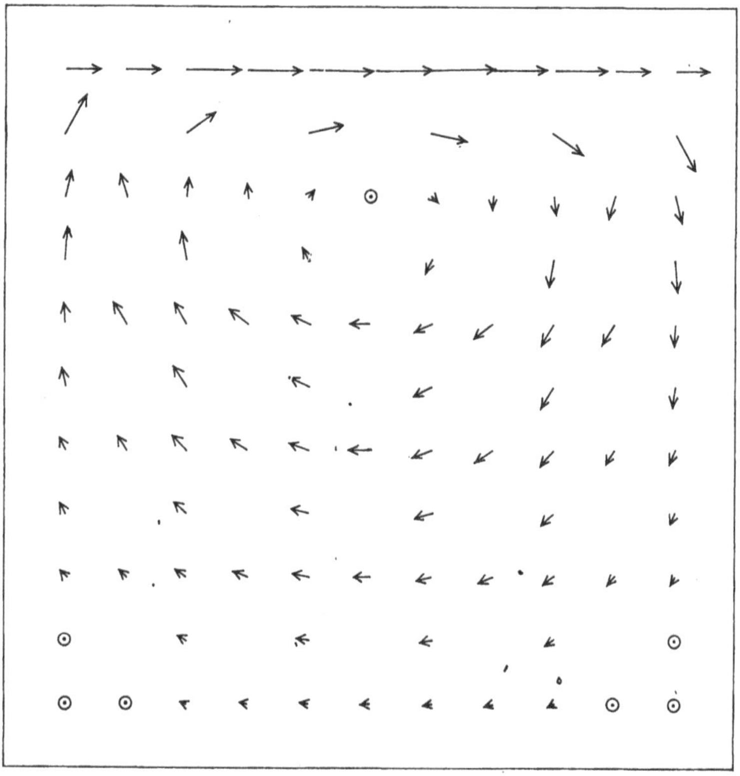

Abb. 49

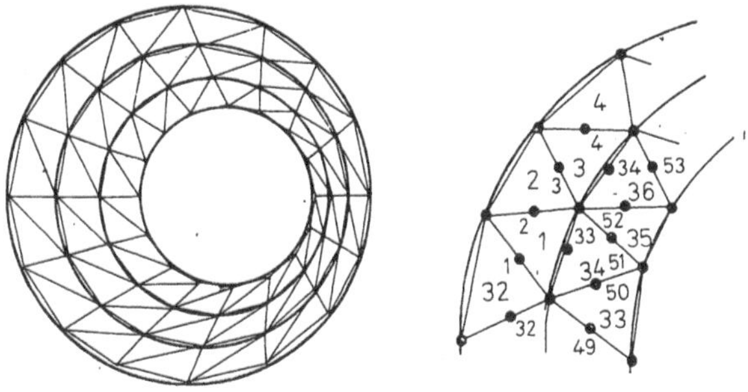

Abb. 50

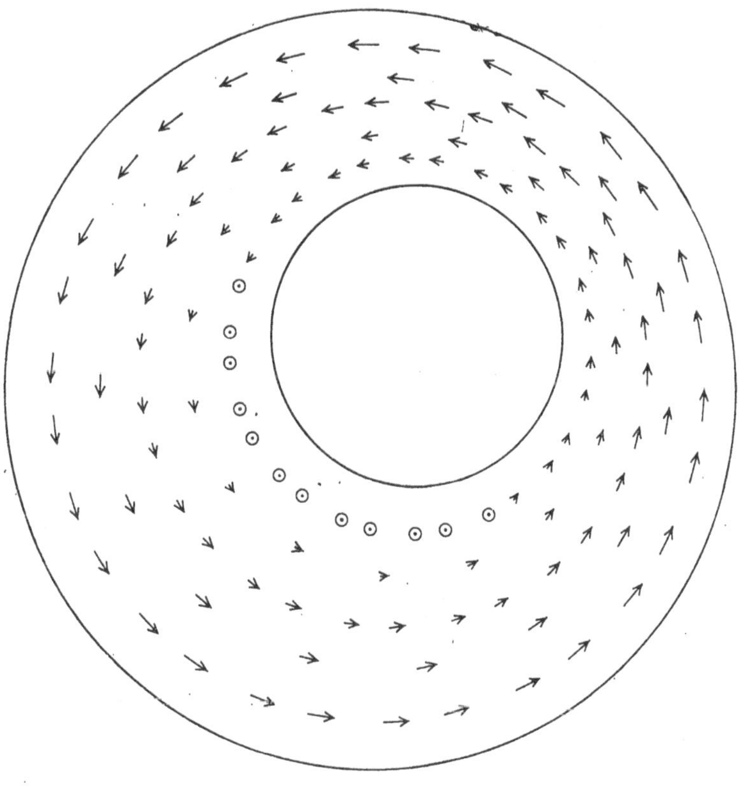

Abb. 51

den Mittelpunkt $(a, 0)$ und den Radius r_1. Der Mittelpunkt des i-ten $(i = 1, \ldots, m)$ Zwischenkreises sei $\left(\frac{a}{m+1} i, 0\right)$, der Radius $r_i = \frac{m + 1 - i}{m + 1} r_2 + \frac{i}{m+1} r_1$. Die Ecken der Dreiecke der Zerlegung werden durch gleichmäßige Unterteilung der Kreisperipherien konstruiert. Abb. 50 zeigt ein Beispiel einer Zerlegung mit $m = 2$ und 16 Teilpunkten auf jedem Kreis. Die Anzahl der Dreiecke ist 96, die Anzahl der inneren Knoten 128 und der Knoten insgesamt 160. Die Numerierung der Knoten und Dreiecke erfolgte auf jedem Kreis bzw. in jedem Streifen fortlaufend (s. Abb. 50). Es ergibt sich ein Geschwindigkeitsfeld gemäß Abb. 51.

Literatur

[1] Adams, R. A.: Sobolev spaces, Academic Press, New York, 1975

[2] Albrecht, P.: Die numerische Behandlung gewöhnlicher Differentialgleichungen, Akademie-Verlag, Berlin 1979

[3] Altenbach, J.; Sacharov, A. S. (Hrsgb.): Die Methode der finiten Elemente in der Festkörpermechanik, Fachbuchverlag, Leipzig 1982

[4] Burmeister, W.: Programmpaket für lineare Gleichungssysteme mit schwach besetzten Matrizen. In: Hollatz, H. (Hrsgb.): Numerische Verfahren in Aktion, Band 1, Akademie-Verlag Berlin, 1980

[5] Chung, T. J.: Die Methode der finiten Elemente in der Strömungsmechanik, Fachbuchverlag, Leipzig 1983

[6] Ciarlet, P.: The finite element method for elliptic problems, North-Holland Publishing Company, Amsterdam—New York—Oxford 1978

[7] Dobrowolski, M.: Optimale Konvergenz der Methode der finiten Elemente bei parabolischen Anfangs-Randwertaufgaben, Diss. Bonn 1978

[8] Fortin, M., Soulie, M.: A non-conforming piecewise quadratic finite element on triangles. Intern. J. Num. Methods in Engineering **19** (1983), 505—520

[9] Frehse, J.: Zur asymptotischen Konvergenz der Methode der finiten Elemente, Mitteilungen der MGdDDR, 3/4 (1982), 8—30

[10] Hackbusch, W.; Trottenberg, U.: Multigrid methods, Lectures Notes Mathematics Bd. 960, Springer-Verlag, Berlin, Heidelberg, New York (1982)

[11] Johnson, C., Mercier, B.: Some equilibrium finite element methods for two-dimensional elasticity problems. Numerische Mathematik **30** (1978), 103—116

[12] Марчук, Т. И.; Агошков, В. И.: Введение в проекционно сеточные методы, Наука, Москва, 1981

[13] MERCIER, B.: Lectures on topics in finite element solutions of elliptic problems, Springer-Verlag, Berlin, Heidelberg, New York, 1979

[14] MITCHELL, A. R., WAIT, R.: The finite element method in partial differential equations, John Wiley & Sons Chichester, New York, Brisbane, Toronto 1977

[15] NORRIE, D., DE VRIES, S.: An Introduction to finite Element Analysis, Academic Press, New York, San Francisco, London, 1978

[16] ОГАНЕСЯН, Л. А.; РУХОВЕЦ, Л. А.: Вариационно-разностные методы решения эллиптических уравнений, Издательство АН Арм. ССР, Ереван, 1979

[17] PITKARANTA, J.: On a mixed finite element method for the Stokes problem in R^3, R.A.I.R.O. Analyse numérique **16** (1982), 275–291

[18] PUTTONEN, J.: Simple and effective bandwith reduction algorithm., Intern. J. Num. Methods in Engineering **19** (1983), 1139–1152

[19] RANNACHER, R.: On nonconforming and mixed finite element methods for plate bending problems. R.A.I.R.O. Analyse numérique **13** (1979), 369–387

[20] САМАРСКИЙ, А. А.; НИКОЛАЕВ, Е. С.: Методы решения сеточных уравнений, Наука, Москва, 1978

[21] SCHWARZ, H. R.: Methode der finiten Elemente, Teubner, Stuttgart 1980

[22] SCHWARZ, H. R.: FORTRAN-Programme der Methode der finiten Elemente, Teubner, Stuttgart 1981

[23] STOER, J.; BULIRSCH, R.: Einführung in die numerische Mathematik, Springer Verlag, Berlin, New York, Heidelberg 1978

[24] STRANG, G.; FIX, G. J.: An analysis of the finite element method, Prentice-Hall, Englewood Cliffs, N. J. 1973

[25] STUMMEL, F.: The limitations of the Patch-test, Intern. J. Num. Methods in Engineering **15** (1980), 177–188

[26] TEMAM, R.: Navier-Stokes equations, North Holland Publishing Company, Amsterdam, New York, Oxford 1970

[27] THOMASSET, F.: Implementation of finite element methods for the Navier-Stokes equation, Springer Verlag, Berlin, New York, Heidelberg, 1981

[28] ВОЕВОДИН, В. В.: О методах сопряжённых направленний, Ж. Выч. Мат. и мат. Физ. **19** (1979) 5, 1313–1317

[29] ZIENKIEWICZ, O. C.: Die Methode der finiten Elemente, Fachbuchverlag, Leipzig 1975

[30] HAVERKAMP, R.: Zur genauen Ordnung der gleichmäßigen Konvergenz von H_0^1-Projektionen, Workshop, Bad Honef 1983.

Sachverzeichnis

ISSN 0084-098X

Die Autoren

- erläutern einführend das Konzept der Finiten-Element-Methode, geben Hinweise zur effektiven numerischen Lösung der entstehenden Gleichungssysteme und zur rechentechnischen Realisierung
- behandeln Konvergenzaussagen und Fehlerabschätzungen einschließlich numerischer Integration und Randapproximation
- skizzieren moderne Entwicklungen, wie nichtkonforme und gemischte Finite-Element-Verfahren, an Standardbeispielen
- wenden sich an Studierende der Ingenieurwissenschaften, Physik, Mathematik sowie an in der Praxis tätige Spezialisten.

WISSENSCHAFTLICHE TASCHENBÜCHER

www.ingramcontent.com/pod-product-compliance
Lightning Source LLC
LaVergne TN
LVHW042241300926
849161LV00003B/431